Photoshop CC

图像设计师创意实战

钟星翔 杨克卿 刘永明 著

U0233275

电子工业出版社
Publishing House of Electronics Industry
北京·BEIJING

内 容 简 介

本书以实例方式详细介绍 Photoshop CC 的基础知识、操作方法与应用技巧。全书共 8 章，内容包括 Photoshop 基础、文档编辑和选区、图像编辑、矢量和文字、图层应用、蒙版与通道、颜色调整、滤镜。每章的内容都由案例和知识点讲解两部分组成，其中的案例取自实际工作。

本书可作为高等院校数字媒体、平面设计、艺术设计、产品设计、印刷与包装等相关专业图像处理课程的教材，也可供对 Photoshop 感兴趣的人员参考阅读。

图书在版编目（CIP）数据

Photoshop CC图像设计师创意实战 / 钟星翔，杨克卿，刘永明著. —北京：电子工业出版社，2021.4
ISBN 978-7-121-40903-5

Ⅰ.①P… Ⅱ.①钟… ②杨… ③刘… Ⅲ.①图像处理软件−高等学校−教材 Ⅳ.①TP391.413

中国版本图书馆CIP数据核字（2021）第059008号

责任编辑：张　鑫
印　　刷：北京缤索印刷有限公司
装　　订：北京缤索印刷有限公司
出版发行：电子工业出版社
　　　　　北京市海淀区万寿路 173 信箱　　邮编：100036
开　　本：787×1092　1/16　印张：17　　字数：442 千字
版　　次：2021 年 4 月第 1 版
印　　次：2021 年 12 月第 2 次印刷
定　　价：88.00 元

创意产业是以文化知识为核心竞争力的产业，在市场的推动下迅速发展，已经成为顺应全球经济趋势的新兴行业。随着经济的快速发展，创意产业的重要地位更加突显。2019 年，联合国贸易和发展会议发布题为《创意经济展望：创意产业国际贸易趋势和国家概况》的研究报告。报告指出：创意经济在中国蓬勃发展，并带动了亚洲创意经济增长；中国在创意产品及服务贸易方面持续占据全球主导地位，成为过去 15 年全球创意经济繁荣的驱动力。

创意产业通过贸易和知识产权创造收入，同时催生了新的经济机会，尤其是为中小企业带来了巨大的发展机遇。同时，全球创意产业出现了一种新趋势，即从生产创意产品向提供创意服务转变。随着数字订阅和在线广告推动网络媒体急剧扩张，原本是创意产品的报纸和出版物也应思考如何转型，包括开展为受众提供创意服务的各种研发，来应对未来可能出现的危机。

Adobe 旗下拥有众多深受广大客户信赖和认可的软件品牌。Adobe 改变了世人展示创意、处理信息的方式，涉及印刷品、视频和电影中的丰富图像、各种媒体的动态数字内容等方面。在 Adobe 旗下的软件中，Photoshop 无疑是非常重要的一个。Photoshop 不仅仅是一个图像处理软件，还可以"化腐朽为神奇"，更多的是商业应用。在图像处理时，设计师不仅要重视美学与设计感，还要关注输出的要求，如印刷、打印、屏幕显示等分别有着不同的专业要求。如果不了解这些输出要求，往往会造成事故，从而承受经济损失。

钟星翔和杨克卿老师有着丰富的实践经验与教学经验，在设计、印刷、包装领域从业近三十年，曾在中国包装联合会等机构担任设计相关课程讲师，为多家企业设计杂志、年报，为多家出版社的重点项目设计封面与排版内文。现在，钟星翔和杨克卿老师主要从事管理工作，十分熟悉企业对招聘员工的能力要求。因此，他们在案例中传递的经验对相关从业者来说可能是最宝贵的财富，而非仅仅软件的基本操作本身。

在中国创意产业蓬勃发展的今天，创意产业对人才的需求十分旺盛，对人才也有一定要求。但是，许多拥有传统知识的毕业生，一出校门很难找到理想的工作，这是因为他们的知识与技能达不到市场的期望和行业的要求。出现这种情况的主要原因很大程度上在于教育行业缺乏与产业需求匹配的专业课程及足够数量的能教授学生专业技能的教师。这些是至关重要的，尤其是中国正处在计划将自己的经济模式与国际角色从"Made in China/ 中国制造"提升为具备更多附加值的"Designed & Made in China/ 中国设计与制造"的过程中。

由此，这套创意设计系列图书，旨在帮助院校教师、学生及想提升自己就业技能的人员，快速掌握岗位所需的技能，了解真实的工作流程，对未来要从事的职业有一个清晰的认识。创意设计系列图书以培养应用能力为目标，以真实活动为导向，以任务为载体，突出岗位技能要求，突出工作经验获取，着重训练解决实际问题的能力和自学能力；目的是读者在认真学习之后能够具备匹配实际岗位要求的能力，企业能够招到适合的人才。

宏愿如此，其路漫漫，我们一起努力。

中国印刷科学技术研究院院长　赵鹏飞

2021 年 3 月于北京

当本书成稿之时，不由感叹，与 Photoshop "相识相知"已经近 30 年了。版本从 2.5 一直到如今的 CC，Photoshop 每一次升级改版都让人充满期待。Photoshop 也从简单的小程序发展成了行业的标杆，并被广泛应用于图像、图形、文字、视频等领域，在当下热门的淘宝网店美工、平面广告、出版印刷、UI 设计、网页制作、包装设计、书籍装帧、动画制作等领域也有着十分重要的地位。

关于 Photoshop 和平面设计，作者也写过多本图书，所针对的读者从初学者到已有经验希望提升自己的人员都有涉及。在这么多年的写作过程中，深切感受到 Photoshop 及其他 Adobe 软件的变化，它们在人工智能相关技术的支持下，越来越易用，功能越来越强大，制作的成品越来越精美；成品中的"人工"痕迹越来越少，甚至可以达到人们发现不了的程度。对 Photoshop 来说，最终成品的质量很大程度上取决于使用者的技术水平。从初学的角度上说，了解 Photoshop 的具体功能与操作方法是非常重要的，以保证在使用软件的过程中，可以找到需要的功能，选择或设置适当的参数；迈过初级阶段，到了熟练掌握的阶段，此时知道使用技巧就显得更加重要，使用技巧可以让操作更便捷，成品更"像样"，此时的作品基本可以"出品"了；再往上，到了高级阶段，对使用者的 Photoshop 水平提出了更高的要求，仅仅熟练掌握功能、用法与技巧已经不够了，必须要将其和美术、艺术等知识结合起来，这样才能制作出高水准的作品。

本书立足于初学者，详细介绍了 Photoshop 基础且实用的专业知识、操作命令和使用方法，采用了"案例 + 知识点"的写作模式，秉承了"实用为主，实践导向"的原则。书中的案例结合了当下较为热门的行业及其需求，让读者了解不同行业的规范和对应的不同设计要求。每章的内容安排是：先"案例"，通过一个具体案例的制作过程，展示该章的主要知识点和真实的工作流程；后"知识点"，介绍知识点的用法与技巧，有些章中还穿插了小案例，以巩固记忆。这与"先提起读者兴趣，后告诉读者原理"同出一辙。

本书可作为高等院校数字媒体、平面设计、艺术设计、产品设计、印刷与包装等相关专业图像处理课程的教材，也可供对 Photoshop 感兴趣的人员参考阅读。

本书由钟星翔、杨克卿、刘永明共同完成。钟星翔编写了前 4 章，刘永明编写了第 5 章，杨克卿编写了第 6~8 章。为了方便教师教学和学生使用，本书配备了教学资源，包括案例素材与电子课件等，可从华信教育资源网（http://www.hxedu.com.cn）下载。

由于作者水平有限，加之编写时间仓促，书中难免出现错误与不足之处，欢迎读者批评指正。

作者

2021 年 1 月

目录 CONTENTS

01 Photoshop 基础

Photoshop是一款功能强大的图像处理软件，主要应用在图像、图形、文字、视频、出版等领域，主要处理由像素构成的数字图像。使用Photoshop中众多的编辑与绘图工具，可以有效地进行图像处理工作。本章主要介绍Photoshop的基础知识与基本操作。

任务名称：设计个性化个人头像

尺寸要求：800 像素 ×800 像素

知识要点：了解图像分辨率、颜色模式等基础知识，熟悉调板

本章难度：★ ☆ ☆ ☆ ☆

1.1

难度 ●○○○○

重要 ●●●●●

个性化个人头像

案例剖析

①本案例为微信等社交软件设计头像，因此新建文档时使用像素单位。

②将图像设置为正方形。

③存储并输出合适的文档格式。

01　在 Photoshop 中按 Ctrl+O 快捷键，在弹出的对话框中选择素材"a01"，见右图。

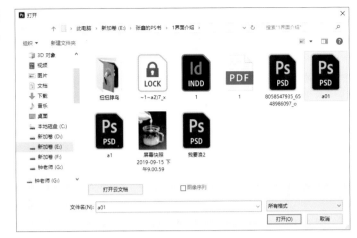

02　执行"图像 > 图像大小"命令，在弹出的对话框中设置"高度"为 800 像素，单击"确定"按钮，见下图。

03　执行"图像 > 画布大小"命令，在弹出的对话框中设置"宽度"为 800 像素，单击"确定"按钮，见下图。

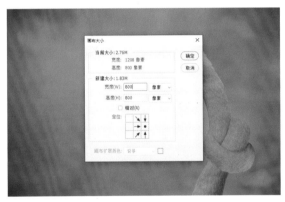

04　在弹出的提示对话框中，单击"继续"按钮，见下图。

05　图像被裁剪为一个正方形，见下图。

06 执行"图像 > 模式 > RGB 颜色"命令，见下图。

07 在弹出的对话框中单击"不合并"按钮，见下图。

08 执行"文件 > 存储为"命令，见下图。

09 在弹出的对话框中，单击"保存在您的计算机上"按钮，见下图。

10 在弹出的对话框中设置存储的路径，在"保存类型"下拉列表中选择 PNG 格式，然后单击"保存"按钮，见下图。

11 在弹出的对话框中，选择"大型文件大小（最快存储）"单选按钮，然后单击"确定"按钮，见下图，将图像上传到手机中，完成头像的设置即可。

1.2

难度 ●○○○○
重要 ●●●●●

Photoshop 概述

Keyword

诞生于 1990 年的 Photoshop 已走过 30 多个年头，从一开始的默默无闻，到今天的深入人心，在广告业、印刷业、影视产业的不可或缺，引发了这些行业革命性的创新和改变。

1.2.1 Photoshop应用领域

Photoshop 作为目前世界上顶尖的图像编辑软件之一，人们亲切地称之为 PS，已渗透到人们点点滴滴的生活娱乐中。当你拿着一包零食吃的时候，也许其包装袋就是使用 Photoshop 设计出来的；当你在电影院观影的时候，也许电影海报就是"PS"的，也许电影某些合成动效也经过"PS"的，当然还有许许多多的网络恶搞照片也是"PS"的杰作。从印刷平面设计、三维动画、数码艺术、影视产业到网页制作，再到多媒体后期制作，Photoshop 在每一个领域都发挥着不可替代的重要作用。无论其应用于何种行业，Photoshop 的基本工作流程都一致，见下图。

创建文档　　　　对文档进行编辑加工　　　　存储并输出到各个产品中

1. 平面印刷

Photoshop 的出现为图像处理领域提供了一定的行业标准，同时也给印刷等行业带来了技术上的升级。在平面设计与制作中，Photoshop 已经完全延伸到了平面广告、产品包装、海报设计、书籍装帧、封面设计、印刷、制版、宣传招贴等各个环节，我们走在大街上随处都能看到运用 Photoshop 设计的优秀作品，见右图。

2. 电商设计

近些年，随着电商的崛起，商品详情页、主图都需要经过精心设计，才能吸引流量，使用 Photoshop 可以调整产品的颜色，使其更具吸引力，还可完成详情页的排版工作，见右图。

3. 网页设计

Photoshop 可用于设计制作网页图像，如 Banner、主图等，这些设计制作好的图像可以导入网页设计软件中再进行排版与编辑，见下图。

4. 插画设计

艺术插画是新兴起的艺术表达方式，其作为 IT 时代视觉效果的表达手段之一，已经逐渐渗透到了广告、网络、封面等方面，见下图。

5. 数码摄影后期处理

Photoshop 超强大的图像编辑功能为数码摄影爱好者和普通用户提供了非常广阔的创作空间，他们也可以随心所欲地对图像进行处理、修改、拼合等操作，见下图。

6. 动画与CG设计

随着计算机硬件技术的不断提高，计算机动画也在迅速发展，利用 Maya、3ds Max 等三维软件，可以制作动画和一些动态效果，其中模型的贴图和人物的皮肤一般都是使用 Photoshop 来完成制作的，见下图。

7. 建筑效果图

当使用 Maya、3ds Max 等三维软件来制作建筑效果图时，渲染出的图像通常要放在 Photoshop 中进行后期的处理和调整，同时还可以添加一些必要的装饰品，如植物、人物、天空和车辆等。这样可以节省计算机渲染图像的时间，同时也能增加图像的美感，见下图。

8. 电影

Photoshop 在电影工业中正发挥着越来越大的作用，如对场景的规划设计、材质贴图极佳效果的实现，电影《阿凡达》中也大量运用了 Photoshop 来合成恢宏的场景，见下图。

9. UI设计

UI 设计（用户界面设计）是指对软件的人机交互、操作逻辑、界面美观的整体设计，Photoshop 可以规划界面的整体设计，还可以对界面中的图像和按钮进行设计。好的 UI 设计不仅让软件变得有个性、有品位，还让软件的操作变得舒适、简单、自由，充分体现软件的定位和特点，见下图。

1.2.2 必备的图像知识

在 Photoshop 中，了解和掌握图像知识，如常用术语和基本概念，对后面学习 Photoshop 操作和使用有非常重要的作用。

无论应用于何种领域，Photoshop 都不是万能的。术业有专攻，Photoshop 是一款图像处理软件，也需要多种其他软件来配合工作。

1. 图形与图像

图形和图像可统称为图片，它们对颜色和轮廓的描述都有本质的区别。

图形：本书的图形特指矢量图（或称为矢量图形），是用矢量软件绘制的，由一些数学方式描述的曲线所组成，其组成的最基本元素是锚点和路径。

图像：图像又称为位图或绘制图像，是由称为像素（图片元素）的单个点组成的。这些点可进行不同的排列和染色，以构成图样。当放大位图时，可以看见赖以构成整个图像的无数单个方块。常见的相机等拍摄的就是位图图像。

图像与图形的工作应用和图片属性各有优缺点，见下表。

	图像	图形
组成单元	像素	锚点和路径
图片阶调	连续调	非连续调
文档体积	大	小
图片拉伸性	虚化	无影响
实际应用	照片合成	LOGO设计

通常来说，图像是连续调的图片，图片的颜色和明暗变化过渡自然。图形是非连续调的图片，图形的颜色以块状形式出现。将图像强行拉伸放大时，图片质量会严重下降，图片虚化程度较大；而图形则可以随意拉伸，不会降低图片质量，见下图。

2. 像素

在 Photoshop 中，像素是组成图像最基本的单元，它是一个小的颜色方块。一个图像通常由很多像素组成，这些像素通常被排成横列或者纵列，每个像素都是正方形的。当用缩放工具将图像放大到足够大的时候，就可以看到类似马赛克的效果，这其中的每个小方块就是一个像素，每个像素都有不同的颜色值。通常，在图像单位面积内的像素越多，图像分辨率越高，图像的显示效果越好，见下图。

相机、手机、显示器都有分辨率，如常说的100 万像素、500 万像素就是指拍摄的每张照片都由 100 或者 500 万个像素组成。

3. 图像分辨率

图像分辨率就是指每英寸图像中所包含的像素的数量，单位是 PPI。如果图像的分辨率是10PPI，则每英寸图像内包含 10 个像素；如果是20PPI，则每英寸图像内包含 20 个像素，见下图。

10PPI

20PPI

通常，图像的分辨率越高，每英寸图像内包含的像素越多，同时图像的质量越高，图像越清晰，图像中的细节越多，颜色的过渡越平滑、越丰富。

图像分辨率的大小和图像文件尺寸的大小有着密不可分的关系。图像的分辨率越高，图像的质量越高，图像中所包含的像素越多，所以图像的尺寸就越大。图像的尺寸越大，图像中存储的信息就越多，因此文件尺寸也就越大。不同类型的商业产品对分辨率数值的要求也不一样，见下图和右图。

彩色图书：300PPI

彩色画册：350 PPI

高档画册：400 PPI

报纸：80 ~ 150 PPI

喷绘写真：72 ~ 120 PPI

屏幕显示：72(96) PPI

4. 颜色模式

在 Photoshop 中，所有的图像都会被指定一种颜色模式，有了颜色模式才能对所有的像素定义数值。可以根据产品类型来设置颜色模式，如用于显示屏显示的图像设置为 RGB 模式，用于印刷的图像设置为 CMYK 模式。

Photoshop 提供了位图模式、灰度模式、双色调模式、RGB 模式、CMYK 模式、Lab 模式、索引颜色模式、多通道模式和 8 位 /16 位 /32 位通道模式。关于颜色模式后续将详细介绍。

1.2.3 Photoshop的工作界面

了解 Photoshop 的工作界面，可以帮助读者快速找到 Photoshop 的各项功能，读者还可以根据个人喜欢或者工作习惯，调整工作界面，使其布局更加合理。

打开 Photoshop 之后，进入主页，在主页的右侧上部，可以查看 Photoshop 的各项新功能；下部则是最近使用项，近期打开或编辑过的图像将陈列其中，单击任意图像即可打开它。在左侧单击"学习"，可以跳转到 Photoshop 的一系列课程，单击任意学习内容，Photoshop 将演示该课程内容。单击"新建"或"打开"按钮，可以新建或者打开文档，单击 PS 图标即可进入 Photoshop 的工作界面，见下图。

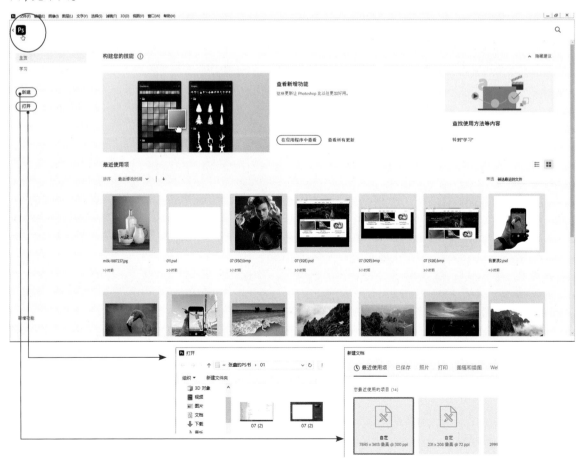

1. 工作界面组件

Photoshop 的工作界面包含主页按钮、菜单栏、状态栏、工具箱、工具选项栏、调板、文档区和程序区。文档区用于陈列文档窗口，可陈列多个文档，文档窗口中展示的是图像，这个图像将用于编辑和修改；文档窗口的下方是状态栏，用于显示该文档的某些信息；单击主页按钮可跳转到主页显示；菜单栏包含用于执行任务的菜单，这些菜单按功能区分；调板可帮助读者观察和编辑图像；工具箱包含用于编辑文档的工具，每次可以选择一个工具作用于文档中的图像；工具选项栏显示当前选中工具的设置内容，当选中不同的工具时，会显示不同的内容，见下图。

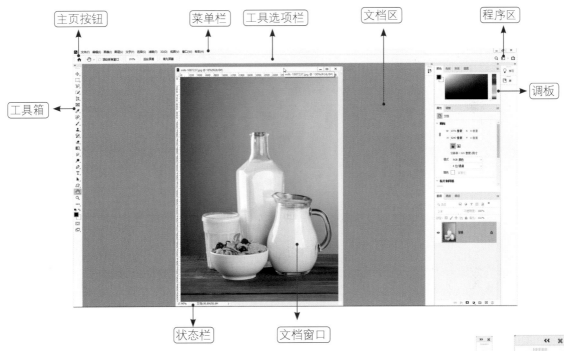

2. 工具箱

现实生活中我们的工具箱中装满了各种不同的工具，如锤子、钉子、扳手、胶带等。当我们制作一把椅子的时候，会从工具箱中选择工具，这个过程也许需要不断更换各种工具才能完成工作。而 Photoshop 的工具箱也一样，当我们需要编辑一幅图像时，可以从中选择一个工具，每一个工具都有不同的功用，完成一张图同样需要大量工具的配合。Photoshop 的工具箱大致分为三个区域，上部陈列所有的工具，中部是拾色器，下部是蒙版模式和显示模式。如果需选择某个工具，单击该工具即可。

工具箱的顶部是折叠图标和关闭图标，单击关闭图标可关闭工具箱，单击折叠图标可切换工具箱以单列显示工具或者双列显示工具，见右图。

如果工具箱中的某个工具右下角带有三角符号，说明该工具内含其他工具，右击该工具可展开隐藏的工具，见下图。

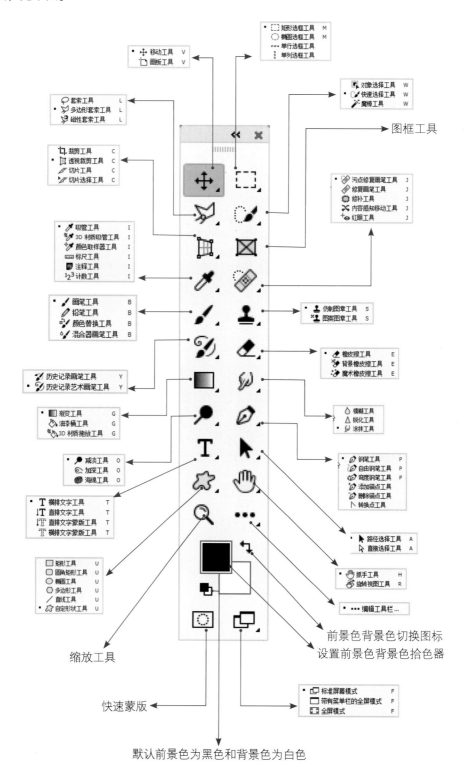

编辑工具栏可用于对工具箱中的工具重新排序。选中编辑工具栏，弹出对话框，在工具栏中选择一个工具并将其拖曳到附加工具中，该工具将不再显示在原位置，而是被转移到编辑工具栏中，见下图。

助等；单击菜单后可以看到其包含各级子菜单，见下图。

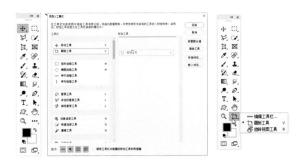

在对话框中，单击"清除工具"按钮，可以将所有工具都从原位置清除，工具箱中只剩下编辑工具栏。单击"恢复默认值"按钮可以将工具箱恢复为默认状态。对话框最下方分列多个显示项目，当前处于灰显状态的表示工具箱显示该项目，单击这些项目，可以在工具箱中隐藏该项目。

3. 工具选项栏

默认情况下，工具选项栏处于菜单栏下方，选择窗口中的选项可以隐藏或显示该选项栏。工具选项栏显示的是当前激活工具的设置项目，如选中工具箱中的画笔工具，可以看到画笔工具的设置项目，见下图。

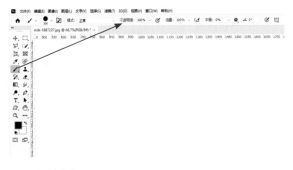

4. 菜单栏

Photoshop 的菜单栏包括文件、编辑、图像、图层、文字、选择、滤镜、3D、视图、窗口和帮

"文件"菜单是针对文档进行设置的菜单；"编辑"菜单包含图像编辑的系列命令；"图像"菜单主要用于调整颜色；"图层"菜单包含图层的管理和设置命令；"文字"菜单用于创建和设置文字；"选择"菜单用于创建和编辑选区；"滤镜"菜单包含多种滤镜，可产生特殊效果；"3D"菜单用于创建和编辑 3D 效果图像；"视图"菜单用于文档显示的效果；"窗口"菜单包含所有的调板，选中可弹出该调板；"帮助"菜单可提供 Photoshop 的知识讲解。

菜单栏复杂庞大，本书由于篇幅所限，只对一些常用和重要的命令进行讲解。

菜单栏的右侧是软件显示模式，单击 ─ 按钮可最小化软件视窗，单击 ▣ 按钮或 ▢ 按钮可切换到正常显示或者全屏显示，单击 × 按钮可关闭软件。

5. 对话框

选择某些菜单命令或者编辑图像时，会弹出一些窗口，其中有些是提醒用户的，更多的是用于设置参数的窗口，此类窗口称为对话框，见下图。

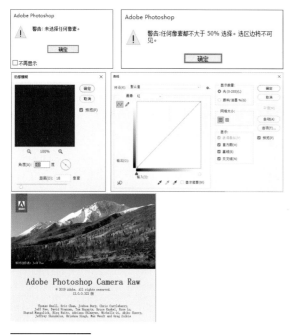

① Photoshop 软件中称为"面板"，但实际使用时习惯上称为"调板"。

6. 调板[1]

Photoshop 会将一系列功能集合在一个面板中，以便更好地操控和编辑图像，这些功能集合面板称为调板，如"通道"调板、"图层"调板等，见下图。

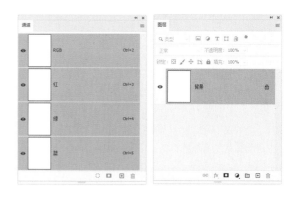

（1）调板结构

调板框顶部是显示方式按钮，单击 ◀◀ 或 ▶▶ 按钮，可将调板收缩为图标或展开调板；单击 ✖ 按钮，可关闭调板，见下图。

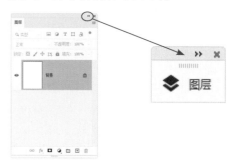

调板主要分为三部分：调板选项卡、调板菜单和调板选项区。如果多个调板被叠放在一个调板框中，单击调板选项卡可激活该调板，调板选项区用于设置选项内容，见下图。

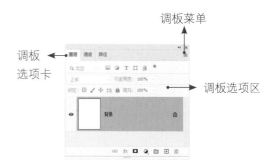

（2）管理调板

默认情况下，Photoshop 会将属性相近或频繁交替调用的调板叠放到一个调板框中，仅显示其他选项卡，这样可以使 Photoshop 更简洁和整齐，如需显示调板内容和调用调板，单击对应的选项卡即可，见下图。

如需合并叠放调板，在调板选项卡上按住鼠标左键，拖曳到目标调板选项卡旁再松开鼠标左键，即可合并叠放调板，见下图。如需拆分叠放的调板，将调板选项卡拖曳到调板框外即可。

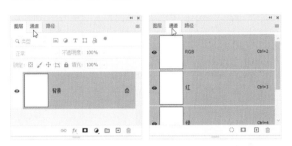

1.2.4 规划工作界面

一个干净规整的 Photoshop 工作界面，可以使人心情愉悦，更可以提高工作效率。Photoshop 的排列功能和工作区功能用于规划工作界面，使工作界面更友善，见下图。

1. 规划工作区

（1）使用预置工作区

执行"窗口 > 工作区"命令，展开"工作区"的子菜单，前面几项为默认工作区，这些工作区根据用户的工作特点，已经对界面进行了规划，可以给用户更好的体验感。其中包括基本功能、3D、图形和 Web、动感、绘画、摄影。

用户可以在"工作区"子菜单中选择要使用的工作区，或者通过工具选项栏右侧的工作区按钮来设置工作区，见右图。

15

（2）恢复默认的工作区

如果在工作过程中要将调乱的工作区界面恢复，可以执行"窗口 > 工作区 > 复位XX"命令，"复位XX"可能为复位基本功能、复位绘画或者复位摄影等，这取决于当前激活的是哪一项工作区，见下图。

（3）新建工作区

用户可以根据自己的使用习惯建立新的工作区，操作起来更加快捷、方便，执行"窗口 > 工作区 > 新建工作区"命令，在弹出的对话框中可设置名称，在"捕捉"区中勾选项目，以确定何种项目与调板位置一同存入该工作区中，单击"存储"按钮，新建的该工作区被存入工作区命令中，见下图。

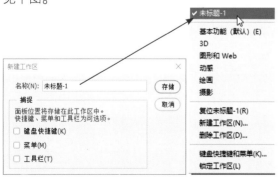

（4）删除工作区

如需删除某个工作区，执行"窗口 > 工作区 > 删除工作区"命令，在弹出的对话框中选择该工作区，单击"删除"按钮，在弹出的对话框中单击"是"按钮即可删除，在工作区命令中删除的工作区将不再显示，见右图。当前使用的工作区不能被删除。

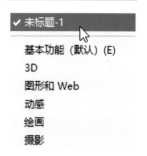

（5）键盘快捷键和菜单

用户也可根据自己喜欢重新设置快捷键和菜单，执行"窗口 > 工作区 > 键盘快捷键和菜单"命令，弹出对话框，单击"键盘快捷键"选项卡，单击快捷键设置栏，使其蓝显，使用键盘设置新的快捷键，单击"确定"按钮，见下图。用户可以改变列表中的所有快捷键，但不建议初学者重置快捷键。

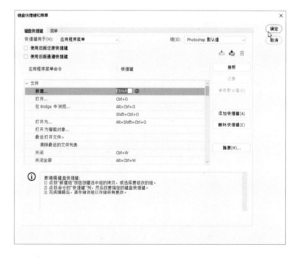

单击"菜单"选项卡，在"菜单类型"中可选择应用程序菜单和调板，对菜单和调板进行设置。然后在对话框下方的列表框中选择项目，单

击眼睛图标可以关闭该命令，使其不在菜单中显示；选择颜色可设置该命令在菜单中的显示颜色，单击"确定"按钮即可完成设置，见下图。

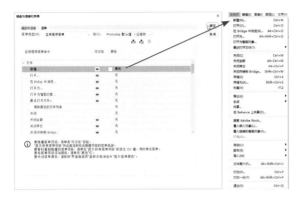

2. 排列文档

执行"窗口 > 排列"命令，可以看到文档的排列命令，如全部垂直拼贴、全部水平拼贴等，选择其中一个命令，可使界面中的文档以对应的方式排列，见下图。

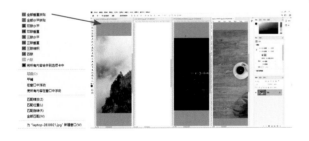

层叠：从屏幕的左上角到右下角以堆叠和层叠方式显示未停放的窗口。

平铺：以边靠边的方式显示窗口。当关闭图像时，打开的窗口将调整大小以填充可用空间。

在窗口中浮动：允许图像自由浮动。

使所有内容在窗口中浮动：使所有图像浮动。

将所有内容合并到选项卡中：全屏显示一个图像，并将其他图像最小化到选项卡中。

若界面中存在多个文档，可以使用匹配功能使文档互相匹配，匹配选项包含匹配缩放、匹配位置、匹配旋转、全部匹配。

匹配缩放：使用缩放工具缩放界面中目标文档后，选择此命令，界面中的其他文档也会按目标文档的缩放倍率来缩放自身。

匹配位置：使用抓手工具改变目标文档视窗区后，选择此命令，界面中的其他文档也会改变自身的视窗区。

匹配旋转：使用旋转抓手工具旋转目标文档视窗区后，选择此命令，界面中的其他文档也会旋转自身的视窗区。

全部匹配：选择此命令，可以匹配以上所有项目。

"排列"菜单栏最下方的是为"＊＊"新建窗口，可以让文档建立一个一模一样的文档窗口，在实际工作中，可以一个窗口用于操作，另一个窗口用于观察整体效果。

1.2.5 首选项

为了让 Photoshop 根据特定的工作流程尽可能流畅地运行，可以根据自己的喜好设置首选项。

许多程序设置都存储在 Adobe Photoshop Prefs 文件中，其中包括常规显示选项、文件存储选项、性能选项、光标选项、透明度选项、文字选项及增效工具和暂存盘选项。其中大多数选项都是在"首选项"对话框中设置的。每次退出应用程序时都会存储首选项设置。

执行"编辑 > 首选项"命令，从子菜单中选择所需的首选项组，弹出"首选项"对话框，在对话框的左侧是所有首选项的列表，中部是选中的首选项的设置区，单击右侧的"上一个"或者"下一个"按钮，可以逐一设置首选项，见下图。

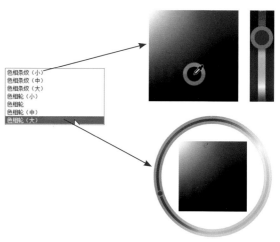

1. 常规

（1）拾色器

可以选择 Adobe 的拾色器或者 Windows 的拾色器。Adobe 拾色器可以使用 4 种颜色模型来选取颜色：HSB、RGB、Lab 和 CMYK。使用 Adobe 拾色器可以设置前景色、背景色和文本颜色，也可以为不同的工具、命令和选项设置目标颜色；Windows 的拾色器仅涉及基本的颜色，允许根据两种颜色模式选择需要的颜色，见下图。

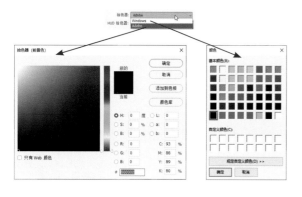

（2）HUD 拾色器

HUD 拾色器用于设置前景色和背景色，选择绘制工具（如画笔工具），按住 Shift+Alt 快捷键，然后在文档中单击鼠标右键，弹出选中的 HUD 拾色器内容，在其中可选择画笔工具的前景色。HUD 拾色器提供了 7 种类型的拾色器供用户选择使用，见后图。

（3）图像插值

在改变图像大小的时候，Photoshop 会遵循一定的图像插值方法来删除或者增加像素，选择"邻近"选项，表示用一种低精度的方法生成像素，速度快但是容易产生锯齿；选择"两次线性"选项，表示用一种平均周围像素颜色值的方法来生成像素，可以生成中等质量的图像；选择"两次立方"选项，表示用一种将周围像素值分析作为依据的方法生成像素，速度比较慢，但是精确度高，两次立方包含多种类型，可根据需要选择。

（4）选项

自动更新打开的基于文件的文档：选中该复选框后，如果当前打开的文件被其他程序修改并保存，文件会在 Photoshop 中自动更新。

完成后用声音提示：完成文件操作时，程序会发出提示声音。

自动显示主屏幕：默认已勾选，取消勾选此复选框，则 Photoshop 跳过显示主页，直接进入 Photoshop 工作界面。

导出剪贴板：关闭 Photoshop 时，复制到剪切板中的内容可以被其他程序使用。

在置入时调整图像大小：在粘贴或者置入图像时，图像会基于当前文件的大小而自动对图像大小进行调整。

置入时跳过变换：勾选后，在置入时将不出现变换定界框。

在置入时始终创建智能对象：取消勾选后，在置入时不再将置入对象作为智能对象。

2. 界面

（1）外观

可设置 Photoshop 界面的颜色和样貌，颜色方案中提供了由深到浅四种方案；还可以设置多种显示模式下的文档的颜色和边界。

（2）呈现

可设置界面语言和字体的大小。UI 缩放设置为可自动匹配显示器的尺寸。

（3）选项

勾选"用彩色显示通道"复选框，通道将不再以黑白显示，而以通道本身的彩色显示；"动态颜色滑块"复选框用于设置在移动颜色调板中的滑块时，颜色是否随着滑块的移动而改变；如果菜单设置了颜色，勾选"显示菜单颜色"复选框可显示菜单的颜色，见下图。

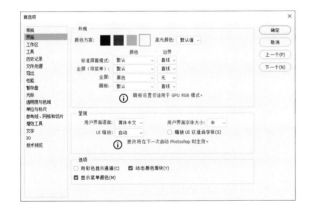

3. 工作区

（1）选项

自动折叠图标面板：对不使用的图标调板，调板会自动重新折叠为图标状。

自动显示隐藏面板：暂时显示隐藏的调板。

以选项卡方式打开文档：当打开文档后，文档都会叠放到一个选项卡中。

启用浮动文档窗口停放：允许将浮动的窗口拖曳到选项卡中。

大选项卡：加大选项卡的面积，使文档名称尽可能被显示出来。

根据操作系统设置来对齐 UI：根据不同的操作系统使界面与之匹配。

（2）紧缩

启用窄选项栏：使选项卡变窄，如果显示器比较小，可勾选此复选框，见下图。

4. 工具

显示工具提示：将鼠标指针放到工具上，会显示当前工具的快捷键和名称。

显示丰富的工具提示：将鼠标指针放到工具上，会显示该工具的动画演示。

启用手势：支持一个触控手势来操作文档。

使用 Shift 键切换工具：切换工具使用该快捷键。

过界：当文档完全显示时，文档窗口依然存在滚动条。

启用轻击平移：使用抓手工具移动图像显示区时，松开鼠标之后，图像会惯性滑行一段距离才停止。

双击图层蒙版可启动"选择并遮住"工作区：双击蒙版可调用"选择并遮住"对话框。

根据 HUD 垂直移动来改变圆形画笔硬度：勾选后，在使用画笔工具时，同时按住 Alt 键和鼠标右键，将指针上下垂直移动时可改变笔刷的软硬度；如果取消勾选，指针上下移动改变的是前景色的不透明度。

使用箭头键旋转画笔笔尖：使用键盘中的左右方向键可调整画笔笔尖的角度。

将矢量工具与变化和像素网格对齐：将矢量图层和矢量对象强制与像素网格对齐。

在使用"变换"时显示参考点：使用裁剪工具或变换命令时，定界框内会出现十字圆心的参考点。

用滚轮缩放：可以使用鼠标的滚轮缩放视图。

缩放时调整窗口大小：使用"视图"菜单中的放大、缩小命令或 Ctrl++、Ctrl+- 快捷键缩放视图时，将强行使图像满画布显示。

将单击点缩放至中心：使用缩放工具缩放视图时，使单击点居于视图中心位置。

显示变换值：定义所选对象参数的参考点，可以选择左上、左下、右下、总不等，见下图。

5. 历史记录

历史记录以三种方式记录操作：直接存储到图像的元数据中；以文本方式存储为文件，并存储到相应位置；以上两种方式都用。"仅限工作进程"最为简略，"简单记录"的信息较多，"详细记录"记录完整的动作，见下图。

6. 文件处理

（1）文件存储选项

图像预览：在存储图像时，为图像在文件夹中生成一个预览图，便于用户查找，包括不存储、总是存储和存储时询问选项。

（2）文件兼容性

在此可设置图像原始数据格式 (RAW) 的相关项目，见下图。

7. 导出

用于设置快速导出的图像格式和导出位置，默认为透明的 PNG 文档，见下图。

8. 性能

可对 Photoshop 的软硬件进行优化，使其更快更好地运行，见下图。

内存使用情况可以控制在 60%~70% 之间。历史记录与内存关系很大，历史记录状态的设置值越大，占用的内存越大。

9. 暂存盘

Photoshop 在运行时，随着图像体积越变越大，产生的临时文件体积也越来越大，如果系统盘空间太小，将不能带动 Photoshop 运行，在此可指定 Photoshop 存储临时文件的硬盘，以便更流畅地运行软件，见下图。

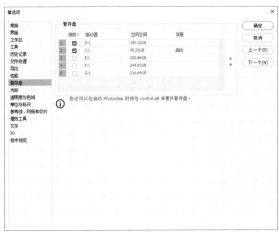

10. 光标

用于设置各个工具光标的形状、画笔工具、橡皮图章工具等，见下图。

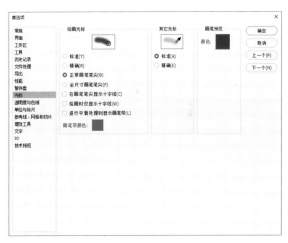

标准：显示该工具的样貌。

精确：以十字线显示光标。

正常画笔笔尖：以硬度范围为 50% 的圆圈形式显示光标。

全尺寸画笔笔尖：以着色区圆圈形式显示光标。

在画笔笔尖显示十字线：光标圆圈中心出现十字线。

绘画时仅显示十字线：绘画时隐藏圆圈，仅显示十字线。

进行平滑处理时显示画笔带：当画笔平滑度生效后，会显示一条从描边到光标的连线。

画笔带颜色：打开拾色器，可在其中设置画笔带颜色。

11. 透明度与色域

Photoshop 使用双色网格马赛克表示透明度区域，在此可设置透明度区域的双色颜色和网格大小；当某些颜色超出色域范围时，会显示色域警告颜色，在此可定义色域警告的颜色和不透明度，见下图。

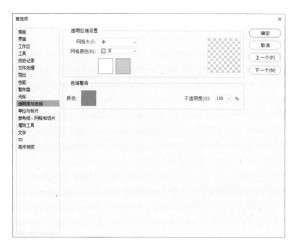

12. 单位与标尺

单位用于设置标尺的单位，分别为像素、英寸、厘米、毫米、点等；还可设置文字字号的单位，分别为点、像素、毫米等。列尺寸用于设置导入用 InDesign 生成的图像的宽度和装订线的尺寸。新文档预设分辨率用于设置新建文档的屏幕分辨率和打印分辨率。点 / 派卡大小用于设置如何定义每英寸的点数，见下图。

13. 参考线、网格和切片

可设置参考线、智能参考线、网格、切片等的颜色和样式，便于在 Photoshop 中加以区分，见下图。

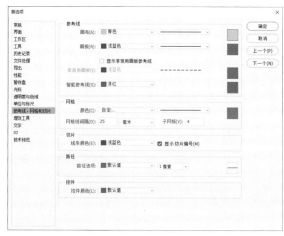

14. 增效工具

增效工具用于管理由 Adobe 和第三方软件开发商开发的、可以在 Photoshop 中使用的外挂滤镜或者插件，见下图。Photoshop 的自带滤镜或者插件都保存在安装目录下的 Plug-Ins 文件夹中。如果将滤镜或者插件安装在其他文件夹中，选中附加的增效工具文件夹复选框就可以使用安装的外挂滤镜和插件。

15. 文字

在 Photoshop 中可对文字功能进行简单的设置，见下图。

16. 3D

可设置 3D 功能的首选项，见下图。

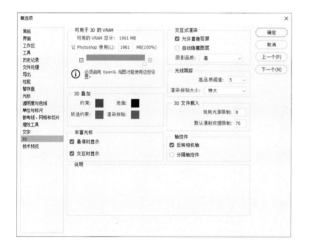

17. 技术预览

可设置 Photoshop 的实验性功能，见下图。

作品欣赏

02 文档编辑和选区

文档编辑包含对图像文档的基础操作，如打开、关闭文档，设置参考线等；选区是 Photoshop 最重要的功能之一，本章只介绍基础选区功能。

任务名称：喷绘广告

尺寸要求：100cm×60cm

知识要点：文档基本操作、存储格式、选区创建

本章难度：★ ★ ☆ ☆ ☆

2.1 喷绘广告

难度 ●●○○○

重要 ●●●●○

案例剖析

①该招贴为喷绘广告，新建文档时可以设置分辨率为 72 像素 / 英寸。

②创意和绘制草图，根据需要寻找或者拍摄所需素材。

③将素材在软件中抠选合成，建议使用蒙版使合成效果更精细；对图像进行调色，使图像色彩和光影更加协调统一。

④存储并输出合适的文档格式。

01 在 Photoshop 中按 Ctrl+N 快捷键，在弹出的对话框中设置文档名称为"喷绘广告"，再设置尺寸、分辨率、颜色模式，得到一个新的文档，见右图。

参数：宽度为100厘米，高度为60厘米，分辨率为72像素/英寸，RGB颜色模式，背景内容透明，其余默认。

02 单击工具箱中的前景色图标，在拾色器中设置前景色的 RGB 色值，见下图。

参数：R=75,G=88,B=104。

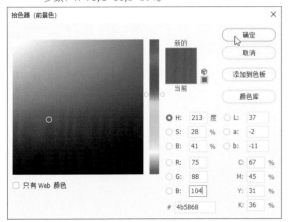

03 按 Atl+Del 快捷键，为文档填充前景色，见下图。

04 按 Ctrl+O 快捷键，在相应文件夹中找到"v01"素材，打开该素材，按 Ctrl+A 快捷键全选图像，再按 Ctrl+C 快捷键复制图像，见下图。

05 切换到文档"喷绘广告"，按 Ctrl+V 快捷键粘贴图像，执行"编辑>变换>垂直翻转"命令，然后使用移动工具将图像上移到适当位置，见下图。

06　单击"图层"调板中的添加蒙版图标，为图层 2 添加白色蒙版，见下图。

07　选择渐变工具，编辑渐变设置为黑白渐变，类型为线性渐变，在图上从下向上垂直拖曳，得到一个渐变蒙版，见下图。

08　按 Ctrl+O 快捷键，在相应文件夹中找到"v02"素材，打开该素材，按 Ctrl+A 快捷键全选图像，再按 Ctrl+C 快捷键复制图像，见下图。

09　切换到文档"喷绘广告"，按 Ctrl+V 快捷键粘贴图像，图像被贴入文档中，并放置在新的图层 3 中，见下图。

10　在文档的合适位置拖曳出一条水平参考线，见下图。

11　使用钢笔工具，在参考线与图层 3 图像相交处，建立第一个锚点，然后依次绘制出一个闭合路径，见下图。

12 单击两次"图层"调板中的添加蒙版图标，在图层 3 上建立一个矢量蒙版，见下图。

13 选择矩形选框工具，贴齐参考线向下绘制一个矩形选区，见下图。

14 单击"图层"调板中的添加调整图层图标，在弹出的下拉菜单中选择"亮度 / 对比度"选项，见右图。

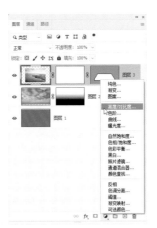

15 在"属性"调板中将"亮度"设置为 -80，然后单击调板下方的剪贴蒙版图标，见右图。

16 使用快速选择工具将图像中的山脉选中，再按 Ctrl+C 快捷键复制图像，见下图。

17 切换到文档"喷绘广告"，按 Ctrl+V 快捷键粘贴图像，见下图。

18 连续两次按 Ctrl+V 快捷键粘贴同样的图像，此时得到图层 5 和图层 6，见下图。

19 激活图层 4，执行"编辑 > 变换 > 水平翻转"命令，然后分别选中图层 5 和图层 6，使用移动工具将图像调整到合适位置，见下图。

20 激活图层 5，单击"图层"调板中的添加蒙版图标，然后使用黑色画笔涂抹，使图层 4 和图层 5 自然拼合，见下图。

21 激活图层 6，单击"图层"调板中的添加蒙版图标，然后使用黑色画笔涂抹，使图层 4 和图层 6 自然拼合，见下图。

22 按住 Shift 键并逐一单击图层 4、5、6，将这三个图层选中，然后单击"图层"调板下方的链接图层图标，再单击新建组图标，见右图。

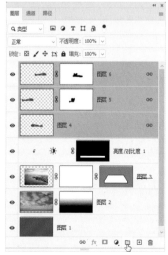

23 三个图层被纳入组 1 中，见右图。

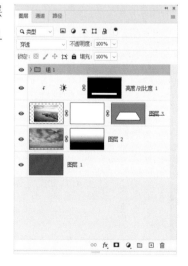

24 按 Ctrl+T 快捷键，将图像缩小并移动到合适位置，见下图。

25 单击"图层"调板中的添加蒙版图标，为组 1 添加图层蒙版，使用黑色笔刷在蒙版上涂抹，使其与下方图像自然拼合，见下图。

26 按 Ctrl+O 快捷键，在相应文件夹中找到"v04"素材，打开该素材，使用钢笔工具抠选图像，见下图。

27 载入路径选区，蚂蚁线出现在文档中，按 Ctrl+C 快捷键复制图像，见下图。

28 切换到文档"喷绘广告"，按 Ctrl+V 快捷键粘贴图像，见下图。

29 按 Ctrl+T 快捷键，将图像水平翻转、缩小并移动到合适位置，然后按 Enter 键，见下图。

30 执行"滤镜 > 转换为智能对象"命令，图层 7 的图像被转为智能对象，见下图。

31 执行"滤镜 > 模糊 > 动感模糊"命令，在弹出的对话框中设置参数，见右图。

32 在"图层"调板中智能滤镜的蒙版上单击，激活该蒙版，见下图。

33 使用黑色画笔在立柱上涂抹，可以看到立柱变为清晰显示，见下图。

34 单击"图层"调板中的添加蒙版图标，为图层 7 添加蒙版，见下图。

35 使用黑色画笔在立柱的最下方涂抹，使其与底图自然融合，见下图。

36 按 Ctrl+O 快捷键，在相应文件夹中找到"S02"素材，打开该素材，使用矩形选框工具框选部分图像，按 Ctrl+C 快捷键复制图像，见下图。

37 切换到文档"喷绘广告"，按 Ctrl+V 快捷键粘贴图像，"图层"调板中出现图层 8，见下图。

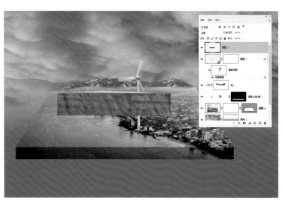

38 在"图层"调板中，将图层 8 移动到组 1 的下方，然后使用移动工具将图像移动到合适位置，见下图。

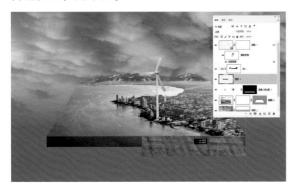

39 按 Ctrl+Alt+G 快捷键，为图层 8 创建剪贴蒙版，可以看到图层 8 部分像素被隐藏，见下图。

40 在图层 8 上创建图层蒙版，使用黑色画笔将部分图像隐藏，见下图。

41 图像设计完成，按 Ctrl+S 快捷键，将图像文档存储为 PSD 格式，见下图。

2.2 文档

难度 ●○○○○

重要 ●●●○○

Keyword

　　文档是一切工具和命令的前提条件，Photoshop 一切的操作都是针对文档的像素进行的，因此熟悉文档的获取方式、文档的设置及文档的输出至关重要，这是 Photoshop 最基本的功能。

2.2.1 获取文档

　　打开 Photoshop 的工作界面，界面中最大面积的中部是用于摆放文档的文档区，文档区可放置多个文档，可以多种方式进行摆放，文档是图像像素的集合，文档也是 Photoshop 操作的"主战场"。因为大多数工具或者命令都需要作用在其上，有多种方式可获取文档。

1. 新建命令创建文档

　　新建文档是指在 Photoshop 中创建一个空白文档，可以直接在其中绘画或者将其他图像复制到其中，并可对文档中的图像进行编辑。

　　执行"文件 > 新建"命令（Ctrl+N），弹出"新建文档"对话框，在对话框中可设置新文档的属性，如宽度、高度、分辨率等。对话框左侧是默认文档区，根据不同的工作范畴，放置着一系列默认文档，如需使用某个默认文档，在该文档上单击，文档图标变为蓝色，然后单击"创建"按钮即可得到一个新文档，见下图。

　　对话框右侧是文档设置区，可以设置新建名称、宽度、高度、分辨率、颜色模式和背景内容等，最后单击"创建"按钮即可，见下图。宽度和高度的常用单位为厘米、毫米、像素；在"方向"区中可以选择横向或纵向；若勾选"画板"复选框，该文档将成为画板；根据不同的媒介，可设置不同的分辨率，如 72、300 等，分辨率默认单位为像素 / 英寸；颜色模式可根据不同的工作进行选择，如印刷用图可选 CMYK，通常情况下建议使用 RGB；背景内容可选择白色、透明、黑色等多种颜色，单击右侧的拾色器图标，还可自定义背景颜色；高级选项默认即可，见下图。

Tips

单击名称右侧的图标↥，出现"保存预设"按钮，单击可将设置好的文档参数保存到左侧的"已保存"栏中，见下图。

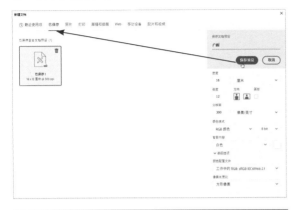

Tips

在"背景内容"下拉列表中若选择白色或黑色，则文档背景色为所选颜色，并且新文档图层为背景层；若选择透明，文档背景色为双色马赛克底色，并且图层名称为图层1，见下图。

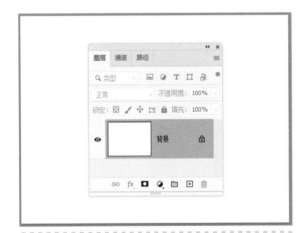

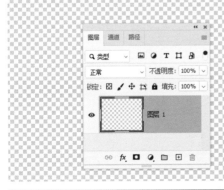

2. 打开文档

打开文档可以使图像文档调用到 Photoshop 中，打开文档的方式有如下几种。

（1）命令方式

执行"文件 > 打开"命令 (Ctrl+O)，在弹出的对话框中找到对应的文件夹，选中需要打开的一个或多个图像文档，然后单击"打开"按钮即可，见下图。

（2）拖曳方式

Photoshop 支持将图像文档从文件夹直接拖曳到主屏幕中，在文件夹中选择一个或多个图像文档后，按住鼠标左键并拖曳，当指针移动到菜单栏或工具选项栏时，松开鼠标左键即可打开文档，见下图。

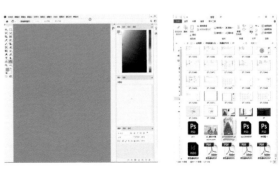

Tips

当文档的后缀名丢失，使用"打开"命令无法直接打开文档时，可以尝试"打开为"命令，并设置相应的后缀名，若后缀名正确，可打开该文档。

（3）使用最近打开文件命令

执行"文件 > 最近打开文件"命令 (Ctrl+O)，在子菜单中选择文档名称，即可打开该文档，见下图。

（4）文件快捷方式

在 Photoshop 未启用的状态下，可以将图像文档拖曳到 Photoshop 的快捷图标 上，Photoshop 会自动运行并打开该图像文档。

2.2.2 关闭和存储文档

在 Photoshop 工作界面中，可关闭一个或多个文档，也可在关闭文档之前存储文档。

1. 关闭文档

执行"文件 > 关闭"命令 (Ctrl+W)，可关闭当前激活的文档，如果文档被编辑过，将弹出警告对话框，在对话框中单击"是"按钮，可存储该文档；单击"否"按钮则不存储该文档；单击"取消"按钮，则退出警告对话框，返回主屏幕的该文档，见下图。

3. 置入文档

如果主屏幕中已经存在一个文档，可将其他图像文档置入该文档中。执行"文件 > 置入嵌入的对象"命令，在弹出的对话框中，找到相应的文档，选中之后单击"置入"按钮，该图像被置入后转换成智能对象，见下图。

如果执行"文件 > 置入链接的智能对象"命令置入图像，该图像在被置入后将转换成带链接的智能对象。

执行"文件 > 关闭全部"命令，可关闭当前主屏幕中所有的文档。

执行"文件 > 关闭其他"命令，可关闭当前激活文档之外的其他所有文档。

2. 存储文档

当完成图像的编辑工作后，可以将文档存储，执行"文件 > 存储"命令 (Ctrl+S)，可存储当前激活的文档并覆盖原文档，对不一样的文档后缀名，会弹出不同的存储对话框；执行"文件 > 存储为"命令，可将文档存储一个副本，这样可以避免覆盖原文档。存储时可能会弹出提示框，询问用户是保存到云上还是本地计算机上，可以勾选对话框下方的"不再显示"复选框，该对话框将不再显示，见下图。

存储 JPEG 格式文档时，可在对话框"品质"设置栏中设置图像的品质，有小、中、大三个选项。也可以拖曳下方的滑块，向右拖曳压缩率较小，品质较好；向左拖曳则压缩率较大，品质会下降，见下图。通常使用默认设置，单击"确定"按钮存储文档。

存储 TIFF 格式文档时，会弹出修改格式的对话框，早期的计算机由于硬盘空间较小，通常会将图像压缩设置为 LZW 方式。现在硬盘空间越来越大，选择无压缩即可，见下图。

PSD 格式是最常见的存储格式。存储 PSD 格式文档时，会弹出警告对话框，勾选"最大兼容"复选框，可使用低版本的 Photoshop 打开该文档，并且文档内容变化较小，见下图。

存储 PNG 格式的文档时，会弹出对话框：大型文件大小存储速度很快，文档体积较大；中等文件大小则次之；最小文件大小可以得到较小的文档，但是存储速度最慢，见下图。

存储 PDF 格式的文档时，可在对话框中设置 PDF 文档的品质等，见下图。

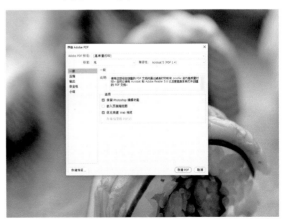

3. 文档格式

下面介绍 Photoshop 中常用的文档格式。

（1）PSD 格式

PSD 格式是 Photoshop 默认的文件格式，而且是除大型文档格式外支持所有 Photoshop 功能的唯一格式。由于 Adobe 产品之间是紧密集成的，因此在其他 Adobe 应用程序（如 Illustrator、InDesign、Premiere Pro、After Effects 和 GoLive）中可以直接导入 PSD 文件并保留许多 Photoshop 功能。

存储 PSD 文件时，可以设置首选项以最大程度提高文件兼容性。这样将会在文件中存储一个带图层的复合图像版本，因此其他应用程序（包括 Photoshop 以前的版本）将能够读取该文件。同时，即使将来的 Photoshop 版本更改某些功能，它也可以保持文档的外观。此外，包含复合图像可以使 Photoshop 以外的应用程序更快速地载入和使用图像，有时为使图像在其他应用程序中可读必须包含复合图像。也可以将 16 位 / 通道和高动态范围 32 位 / 通道图像存储为 PSD 文件。

（2）大型文档格式

大型文档（PSB）格式支持宽度或高度最大为 300 000 像素的文档，支持所有 Photoshop 功能，如图层、效果和滤镜（对宽度或高度超过 30 000 像素的文档，某些增效滤镜不可用）。

可以将高动态范围 32 位 / 通道图像存储为 PSB 文件。目前，如果以 PSB 格式存储文档，该文档只能在 Photoshop CS 或更高版本中打开，其他应用程序和 Photoshop 的早期版本无法打开以 PSB 格式存储的文档。

其他大多数应用程序和旧版本的 Photoshop 无法支持文件大小超过 2GB 的文档。

（3）TIFF 格式

TIFF 格式主要用于在应用程序和计算机平台之间交换文件。TIFF 是一种灵活的位图图像格式，几乎所有的绘画、图像编辑和页面排版应用程序都支持它。而且，几乎所有的桌面扫描仪都可以产生 TIFF 图像。TIFF 文档的最大文件大小可达 4 GB。Photoshop CS 和更高版本支持以 TIFF 格式存储的大型文档。但是，大多数其他应用程序和旧版本的 Photoshop 不支持文件大小超过 2GB 的文档。

TIFF 格式支持具有 Alpha 通道的 CMYK、RGB、Lab、索引和灰度颜色模式，以及没有 Alpha 通道的位图颜色模式。Photoshop 可以在 TIFF 文件中存储图层；但是，如果在另一个应用程序中打开该文件，则只有拼合图像是可见的。Photoshop 也能够以 TIFF 格式存储注释、透明度和多分辨率金字塔数据。

在 Photoshop 中，TIFF 图像文件的位深度为 8、16 或 32 位 / 通道，可以将高动态范围图像存储为 32 位 / 通道 TIFF 文件。

（4）JPEG 格式

JPEG 的英文全名是 Joint Picture Expert Group（联合图像专家组），它是在 World Wide Web 及其他联机服务上常用的一种格式，用于显示 HTML（超文本标记语言）文档中的照片和其他连续色调图像。JPEG 格式支持 CMYK、RGB 和灰度颜色模式，但不支持透明度。与 GIF 不同，JPEG 保留 RGB 图像中的所有颜色信息，但通过有选择地扔掉数据来压缩文件大小。

JPEG 图像在打开时会自动解压缩。压缩级别越高，得到的图像品质越低；压缩级别越低，得到的图像品质越高。在大多数情况下，"最佳"品质产生的结果与原图像几乎无分别。

（5）PDF 格式

PDF 格式是 Adobe 公司开发的用于 Windows、macOS、UNIX 和 DOS 系统的一种电子出版软件的文档格式，适用于不同的平台。它以 PostScript 语言为基础，因此可以覆盖矢量式图像、点阵图像，并支持超链接。

PDF 是由 Adobe Acrobat 软件生成的文件格式，该格式文件可以存有多页信息，其中包含图形文件的查找和导航功能。因此，使用该软件不需要排版或图像软件即可获得图文混排的版面。由于该格式支持超文本链接，因此是网络下载经常使用的文件。

PDF 格式支持 RGB、索引、CMYK、灰度、位图和 Lab 颜色模式，并支持通道、图层等数据信息。而且，PDF 格式还支持 JPEG 和 ZIP 压缩格式（位图颜色模式不支持 ZIP 压缩格式保存），保存时会出现对话框，从中可以选择压缩方式。当选择 JPEG 压缩时，还可以选择不同的压缩比例来控制图像品质。

(6) BMP 格式

BMP 格式是 DOS 和 Windows 兼容计算机上的标准 Windows 图像格式。BMP 格式支持 RGB、索引、灰度和位图颜色模式。可以指定 Windows 或 OS/2 格式和 8 位 / 通道的位深度。对于使用 Windows 格式的 4 位和 8 位图像，还可以指定 RLE 压缩，这种压缩不会损失数据，是一种非常稳定的格式。BMP 格式不支持 CMYK 颜色模式的图像。

(7) EPS 格式

可以同时包含矢量图形和位图图形，并且几乎所有的图形、图表和页面排版程序都支持 EPS 格式。EPS 格式用于在应用程序之间传递 PostScript 图片。当打开包含矢量图形的 EPS 文件时，Photoshop 会栅格化图像，并将矢量图形转换为像素。

EPS 格式支持 Lab、CMYK、RGB、索引、双色调、灰度和位图颜色模式，但不支持 Alpha 通道。EPS 却支持剪贴路径。桌面分色（DCS）格式是标准 EPS 格式的一个版本，可以存储 CMYK 图像的分色。使用 DCS 2.0 格式可以导出包含

专色通道的图像。要打印 EPS 文件，必须使用 PostScript 打印机。

Photoshop 使用 EPS TIFF 和 EPS PICT 格式，允许打开以创建预览时使用的、但不被 Photoshop 支持的文件格式所存储的图像。可以编辑和使用打开的预览图像，就像任何其他低分辨率文件一样。EPS PICT 预览只适用于 macOS。

(8) GIF 格式

GIF 格式是在 World Wide Web 及其他联机服务上常用的一种文件格式，用于显示 HTML 文档中的索引颜色图形和图像。GIF 是一种用 LZW 压缩格式，目的在于最小的文件大小和最少的电子传输时间。GIF 格式保留索引颜色图像中的透明度，但不支持 Alpha 通道。

(9) PNG 格式

PNG 格式是作为 GIF 的无专利替代品开发的，用于无损压缩和在 Web 上显示图像。与 GIF 不同，PNG 支持 24 位图像并产生无锯齿状边缘的背景透明度。但是，某些 Web 浏览器不支持 PNG 格式。PNG 格式支持无 Alpha 通道的 RGB、索引、灰度和位图颜色模式。PNG 格式保留灰度和 RGB 图像中的透明度。

(10) AI 格式

AI 格式是 Illustrator 软件默认的文件格式，也是一种标准的矢量图文件格式，用于保存使用 Illustrator 软件绘制的矢量路径信息。

在 Photoshop 中打开 AI 文件，Photoshop 可以将其转换为智能对象，以避免矢量图文件中的矢量信息被栅格化。

(11) TGA 格式

Targa（TGA）格式专用于使用 Truevision 视频板的系统，MS-DOS 色彩应用程序普遍支持这种格式。TGA 格式支持 16 位（5 位 x3 种颜色通道，再加上一个未使用的位）RGB 图像、24 位（8 位 x3 种颜色通道）RGB 图像和 32 位（8 位 x3 种

颜色通道,再加上一个8位Alpha通道)RGB图像。TGA 格式也支持无 Alpha 通道的索引和灰度颜色模式。当以 TGA 格式存储 RGB 图像时,可以选择像素深度,并选择使用 RLE 编码来压缩图像。

(12)RAW 格式

RAW 格式是一种灵活的文件格式,用于在应用程序与计算机平台之间传递图像。这种格式支持具有 Alpha 通道的 CMYK、RGB 和灰度颜色模式及无 Alpha 通道的多通道和 Lab 颜色模式。以 RAW 格式存储的文档可为任意像素大小或文件大小,但不能包含图层。

RAW 格式由一串描述图像中颜色信息的字节构成。每个像素都以二进制位格式描述,0 代表黑色,255 代表白色(对具有 16 位通道的图像,白色值为 65535)。Photoshop 指定描述图像所需的通道数及图像中的任何其他通道。还可以指定文件扩展名(Windows)、文件类型(macOS)、文件创建程序 (macOS) 和标头信息。

4. 导出文档

使用 Photoshop,可以将图层、图层组或 Photoshop 文档导出为 PNG、JPEG、GIF 或 SVG 图像资源。

执行 "文件 > 导出 > 快速导出为 PNG" 命令,可直接将文档导出为 PNG 格式的图像。

执行 " 文件 > 导出 > 导出为" 命令,在弹出的对话框中可设置多个设置项,如果文档包含画板,则会通过此对话框导出其中的所有画板。要为图层、图层组或画板导出,可在 "图层" 调板中选择它们,然后右击,并从快捷菜单中执行 "导出为" 命令,每个选择的图层、图层组或画板都会被导出为单独的图像资源。弹出 "导出为" 对话框,在左侧窗格中,可以将所选图层、画板或文档导出为不同大小的资源。选择相对资源大小,如 1.25x,并以此为导出的资源设置后缀;例如,@1.25x,设置后缀可轻松管理导出的资源。单击 " + " 图标可以为导出的资源指定更多大小和后缀,见下图。

在文件设置的格式中可选择导出的文档格式,共 4 种格式:PNG、JPEG、GIF 或 SVG。对 PNG格式,可指定是导出启用了透明度的资源(32 位),还是导出更小的图像(8 位);对 JPEG 格式,可指定所需的图像品质 (0 ~ 100%)。GIF 图像在默认情况下为透明。

2.2.3 编辑视图

Photoshop 中有视图命令和视图工具,视图命令可以在文档中添加辅助线、参考线,视图工具可以对文档进行缩放视图显示等操作。

1. 缩放视图

为了更好地观察图像的细节和整体效果,需要反复缩放视图 (文档大小)。

打开"视图"菜单，见右图：放大和缩小，可以逐级改变视图的大小；按屏幕大小缩放，可以使文档窗口与主屏幕适合；按屏幕大小缩放图层，可以缩放选中图层的视图以适合主屏幕；按屏幕大小缩放画板，可以缩放画板以适合主屏幕；100%，可使图像像素100%显示，即图像像素与屏幕像素1:1对应；打印尺寸，可使视图适合打印尺寸；水平翻转，可使视图水平镜像显示。

更常见的缩放视图方式是使用工具箱中的缩放工具，以更便捷地缩放视图。选择工具箱中的缩放工具并将指针移动到文档中，单击，可逐级放大视图，按住 Alt 键单击可逐级缩小视图；还可以拖曳的方式放大视图。在文档中按住鼠标左键并拖曳，此时出现虚线框表示放大范围，松开鼠标左键，视图被放大，见下图。

双击缩放工具可以 100% 显示图像像素，在观察图像像素的时候，常使用这种操作方法。

2. 移动视图

放大视图之后，可以使用抓手工具来移动视图。选中该工具，在文档中按住鼠标左键并拖曳，视图被移动，见下图。双击抓手工具可全显示该文档图像；当选择其他工具时，按住 Space 键可快速暂时切换为抓手工具。

选中抓手工具并移动到文档后，单击鼠标右键，弹出快捷菜单，可以选择视图的缩放比例，见下图。

2.2.4 额外内容

可在文档中添加参考线、网格、注释等内容，这些内容有助于更好地观察图像，可随文档存储，但是不会对图像的颜色有任何改变，也不会被打印出来。

1. 标尺

使用标尺可以更好定位图像位置，执行"视图 > 标尺"命令 (Ctrl+R)，在文档的外框上会出现标尺，见下图。

默认情况下，标尺的原点位置在文档的左上角。在原点处按住鼠标左键并拖曳到文档中，松开鼠标左键，可将原点设置在松开鼠标左键处，见下图。双击文档左上角，可使改变的原点位置恢复成默认位置。

2. 显示内容

要显示文档的额外内容，只有"菜单"视图中的"显示额外内容"处于勾选状态时才可显示。

（1）图层边缘

执行"视图 > 显示 > 图层边缘"命令，可在图层图像的边缘处显示蓝色框线。但该框线经常会干扰工作，不建议勾选该选项。

（2）选区边缘

勾选该选项，在文档中创建选区后，选区边缘自动被勾选；如果取消勾选该选项，则蚂蚁线消失。

（3）目标路径

在文档中创建路径，该内容会自动处于勾选状态，若取消勾选该内容，路径将消失。

（4）网格

网格对对称排列图素很有用，在默认情况下显示为不打印出来的线条，在首选项中可设置网格的颜色、线型等，见下图。

（5）参考线

参考线显示为浮动在图像上方的一些不会打印出来的线条。可以移动和删除参考线，还可以锁定参考线，从而不会将之意外移动。

选择"视图 > 新建参考线"命令，在弹出的对话框中，选择水平或垂直方向，并输入位置，然后单击"确定"按钮，参考线出现在文档中，见下图。

如果文档中使用了标尺，在标尺上按住鼠标左键并拖曳到文档中，可以创建水平或垂直参考

线；按住 Alt 键，从垂直标尺向外拖曳可以创建水平参考线，从水平标尺向外拖曳可以创建垂直参考线。按住 Shift 键从水平标尺或垂直标尺拖动可以创建与标尺刻度对齐的参考线。

参考线可被拖曳，选择工具箱中的移动工具，将鼠标指针移动到参考线上，指针变为双箭头，按住鼠标左键并拖曳即可，见下图。

执行"视图 > 清除参考线"命令可删除所有参考线；"锁定参考线"可以锁定参考线以防止被意外移动。

（6）智能参考线

图像周边会出现红色的参考线和数据信息，见下图。

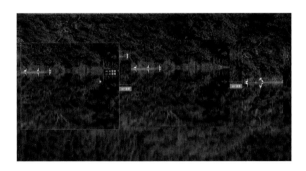

如果勾选"对齐"命令，图像移动的时候将会被强制吸附在参考线上。

（7）旋转视图

使用视图旋转工具，在文档中按住鼠标左键并拖曳，可将视图旋转，也可以在工具选项栏中直接输入数字设置旋转角度。如需恢复视图，单击"复位视图"按钮即可，见下图。

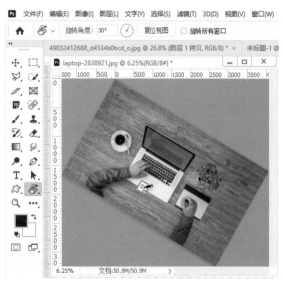

（8）添加注释

使用添加注释工具在文档中单击，可在"注释"调板中输入文字。该注释不会改变图像颜色，不可打印，会随文档而存储，见下图。

右击文档中的注释图标，在快捷菜单中执行"删除所有注释"命令，可删除所有注释，见下图。

（9）吸取颜色

通过吸取文档中图像的颜色可以设置前景色。选择工具箱中的吸管工具，在文档中某处单击并出现颜色环，即可吸取该像素的颜色作为前景色。颜色环分为上、下两部分，在文档中按住鼠标左键并拖曳，可看到颜色环上半部分颜色不断变化，而下半部分则一直显示第一次鼠标单击位置落点的颜色，见下图。

（10）前景色、背景色

在工具箱中可以设置文档的前景色和背景色，前景色和背景色与多个工具和命令都有关联，如填充命令、描边命令、渐变工具和画笔工具等。单击工具箱中的前景色（背景色）拾色器图标，在弹出的"拾色器（前景色）"对话框左侧吸取区中单击选择颜色即可，可通过拖曳吸取区右侧的色相过渡条滑块来改变吸取区的颜色，也可在对话框右侧的数值设置区中输入数值，见下图。

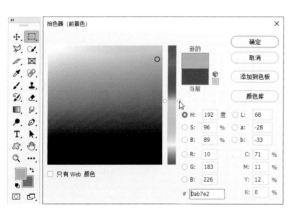

（11）设置取样点

在工具箱中选择颜色取样器工具，单击图像可设置取样点，最多可设置 10 个取样点，取样点的颜色值将显示在"信息"调板中，见下图。如需删除取样点，在取样点上右击，在快捷菜单中执行"删除"命令即可。

在"信息"调板中单击吸管图标，可在下拉菜单中选择其他颜色模式，该吸管数值将变为与取样点相近的颜色值，见下图。

（12）设置标尺

选择工具箱中的标尺工具，在图像中拖曳出一条线段，该线段的长度、坐标、角度信息将被记录下来，记录的数值可作为旋转图像角度的依据，见下图。

2.2.5 文档其他操作

1. 恢复文档

改变和编辑过的文档，如需恢复原样，可执行"文件 > 恢复"命令，将文档恢复至打开时的样貌，见右图。

2. 改变图像大小

在 Photoshop 中，可以改变图像的大小。执行"图像 > 图像大小"命令，弹出对话框的左侧为当前文档缩略图，右侧是设置区，可使用默认选项；也可自行设置尺寸。取消勾选"重新采样"复选框，宽度、高度和分辨率相互链接，此时改变其中任何数据，其他两项都会随动。如此设置不会改变图像的任何数据，文档的大小也不会被改变，见下图。

若勾选"重新采样"复选框，宽度和高度仍相互链接，而与分辨率的链接断开，此时改变分辨率数值，宽度与高度的数值不变，图像大小会改变，见下图。

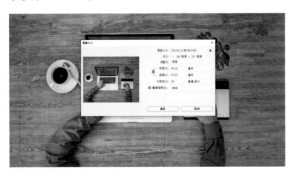

在宽度和高度的链接图标上单击，可断开链接，此时改变宽度、高度的数值，可能会使图像变形，见下图。

3. 改变画布大小

在 Photoshop 中，可以改变画布的大小。执行"图像 > 画布大小"命令，弹出对话框，在"新建大小"区中输入宽度、高度数值，在"定位"区中设置图像的 9 个定位位置，画布扩展色可设置图形之外的扩展色，此命令不会改变文档中图像的大小，见下图。

如果图像的图层为普通层，则自动扩展色为透明，见下图。

4. 旋转图像

在 "图像 > 图像旋转" 子菜单中选择命令可旋转和翻转画布，见下图。

了角度，该角度将自动应用到 "任意角度" 命令，见下图。

执行 "任意角度" 命令可以自定角度旋转图像，在 "任意角度" 对话框中输入数值即可。如果执行 "任意角度" 命令之前使用标尺工具确定

2.3 创建选区

Keyword

难度 ●●○○○

重要 ●●●○○

在 Photoshop 中，选区功能是最重要的功能之一，其重要性可与调色并列，在实际工作中，调色、合成都需要建立合适的选区，任意一幅图像的像素可能都以百万级计算，要从这些像素 "海洋" 中选取合适的像素，创建适合的选区，其难度可想而知。Photoshop 提供了大量的工具和命令来完成这个艰巨的工作。

2.3.1 初级选择功能

初级选择功能包含一些简单的选区工具和命令，如矩形选框工具、魔棒工具等。使用这些工具和命令可以方便快捷地选中一些简单的对象或者比较有特点的图像。

1. 常用选择工具

（1）选框工具组

在工具箱中选择矩形选框工具，可创建矩形选区，选择该工具后，在文档中按住鼠标左键并拖曳，松开鼠标左键会得到一个矩形的选区蚂蚁线；按住 Shift 键绘制，可叠加之前绘制的选区；按住 Alt 键绘制，会与之前的选区相减，见下图。

在工具箱中选择圆形选框工具，可创建一个圆形的选区；按住 Shift 键绘制，可得到一个正圆；绘制之后，按住 Alt 键可以选框中心作为原点，见下图。

可使用工具选项栏对选区进行编辑，见下图。

新选区 ：创建新的选区。在图像中如果已存在一个选区，创建的新选区将取代原有的选区。

添加到选区 ：在图像中已创建的选区上增加后绘制的选区，创建一个新的选区。

从选区减去 ：在图像原有选区中减去新创建的选区，创建一个新选区。

与选区交叉 ：将保留原有选区和新绘制选区的相交部分作为新选区。

羽化：通过在选区和其边缘像素间建立过渡边界，达到柔化选区边缘的目的。羽化会使选区边缘出现细节上的变化。与消除锯齿有所区别的是，羽化可以对已经有羽化效果的选区继续添加羽化效果。本章后面会详细讲解羽化。

选择工具箱中的单行选框工具或单列选框工具，在图像中单击，图像中会出现单行或单列的选区，见下图。

（2）套索工具组

在使用 Photoshop 进行实际操作时，还需要制作一些不规则的选区，可以使用不规则区域选择工具进行选取。不规则区域选择工具包括套索工具、多边形套索工具和磁性套索工具 3 种。

① 套索工具

使用套索工具建立选区的方法是，在图像中按住鼠标左键不放，并沿着需要抠选的图像拖曳，松开鼠标左键即可创建选区，见下图。套索工具不能精细地抠选图像。

② 多边形套索工具

使用多边形套索工具可以在图像中创建不规则的多边形选区。使用多边形套索工具对复杂图形进行选择的效果比套索工具要好一些，不过产生选区的边缘线比较"生硬"。

选择多边形套索工具后，将光标移至图像中，此时光标会变成多边形套索形状；在起点单击，这时移动光标会拉出一条线；再次单击，可以继续绘制选区的区域，绘制完回到起点再单击，形成闭合选区，见下图。在绘制的过程中，按 Ctrl 键，即使不回到起点，也会强制形成闭合选区。

③ 磁性套索工具

磁性套索工具是 Photoshop 中具有选择复杂区域功能的套索工具的延伸。磁性套索工具常用于图像与背景反差较大、形状较复杂的图像选择。

在其工具选项栏中可以设置参数，见下图。

| 宽度: | 10 像素 | 对比度: | 10% | 频率: | 57 |

宽度：设置磁性套索工具在选择图像时探查边缘的宽度。其取值范围为 1 ～ 40 像素，数值越大，探查范围越大。

对比度：控制磁性套索工具对图像边缘的灵敏度。较高的数值用于与周围对比强烈的边缘，较低的数值用于与周围对比弱的边缘。

频率：控制磁性套索设置边框紧固点的频率。数值越高，则选择边框紧固点的速度越快。

选择磁性套索工具，将光标移到图像上，单击选区起点，沿着物体边缘移动光标，就能自动绘制，当回到起点时，光标右下角会出现一个小圆圈，表示选区已封闭，接着单击即可完成选区绘制的操作，见下图。

(3) 魔棒工具与快速选择工具

在 Photoshop 中，针对某种颜色范围，选择魔棒工具或快速选择工具可快速创建选区。

① 魔棒工具

选择魔棒工具能迅速选择颜色一致的区域。使用魔棒工具在图像中单击，与该像素颜色相似的像素都会被选中，见下图。

在工具选项栏中可以设置参数，见下图。

| 取样大小: | 取样点 | ∨ | 容差: | 32 | ☑ 消除锯齿 | ☑ 连续 | □ 对所有图层取样 | 选择主体 | 选择并遮住 … |

容差：在 Photoshop 中默认值为 32。其数值越大，可以选择的颜色范围越大；数值越小，选择范围的颜色与选择像素的颜色越相近。

连续：勾选该复选框，魔棒工具只能选择与单击处相邻的或颜色相接近的范围；否则，可选择整个图层中与单击处颜色接近的范围。

对所有图层取样：勾选该复选框，魔棒工具会作用于所有可见图层；否则，只作用于当前图层。

选择主体：单击该按钮，可自动判断主体图像，并将之选中，见下图。

② 快速选择工具

快速选择工具的功能十分强大，提供了快速创建选区的解决方案。

选择快速选择工具，在图像中按住鼠标左键并拖曳，光标划过区域相似的像素都将被选中，在拖曳过程中，按住 Alt 键可以减去多余的选区，见下图。

在工具选项栏中可以设置参数，见下图。

新选区 ：创建新的选区。在图像中如果已存在一个选区，创建的新选区将取代原有的选区。

添加到选区 ：在图像中已创建的选区上增加后绘制的选区，创建一个新的选区。

从选区减去 ：在图像原有选区中减去新创建的选区，创建一个新选区。

画笔：对画笔的直径、硬度、间距、角度和大小等进行设置。

对所有图层取样：勾选此复选框，从整体图像中取样颜色。

自动增强：勾选此复选框，自动增强选区边缘。

Tips

当某个选择工具处于激活状态时，将光标移动到选区内，按住鼠标并拖曳，可以移动选区。

（4）移动工具

使用移动工具可移动图像、图层、参考线等；但不能移动选区，只能移动选区内的图像。移动工具支持图像在文档内移动，也支持在文档之间互相移动图像、图层。选择该工具之后，在图像上按住鼠标左键并拖曳，即可移动图像，见下图。

当前选中的选区工具或绘图工具，按住 Ctrl 键快速暂时切换为移动工具，松开 Ctrl 键将再次切换为原工具；按住 Ctrl+Alt 快捷键并拖曳图像，可以复制该图像，见下图。

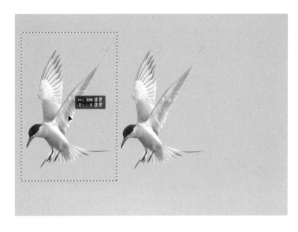

2. 常用选择命令

执行"选择 > 全部"命令（Ctrl+A），可以将文档中所有的像素选中，此时蚂蚁线出现在文档框边缘，见下图。执行"选择 > 取消选择"命令 (Ctrl+D) 可取消该选区；按 Ctrl+H 快捷键可隐藏该选区的蚂蚁线，再次按 Ctrl+H 快捷键可恢复蚂蚁线显示。

"主体"命令用于自动识别图像中的前景对象，并自动生成选区。执行"选择 > 主体"命令，图像中的对象被选中，见后图。

"色彩范围"命令：用于选择较单一颜色的对象，如天空。执行"选择 > 色彩范围"命令，在弹出的对话框中选择吸管工具，然后单击图像中需要选中的像素，可以看到调板中的黑白缩略图发生变化，白色部分表示选中的区域，黑色部分表示未选中的区域；拖曳颜色容差的滑块，可以调整选中的区域范围。完成之后单击"确定"按钮，见下图。

蚂蚁线出现在图像中，吸管工具单击的区域被选中，见下图。

将其他文档中的图像复制到本文档中，可看

到选中的部分被替换了，见下图。

区边缘，单击"选择并遮住"按钮，见下图。

在"色彩范围"对话框中的"选择"默认为取样颜色，打开下拉菜单，可以选中某个颜色，来选择图像中的此类颜色。

颜色容差的数值越大，表示选中的范围越大。当勾选"本地化颜色簇"复选框后，将会以单击的像素为圆心外扩选择，在范围中可设置该外扩圆的大小。

边界可在现有选区形成一个柔和边缘的环状选区。选区环的大小由对话框中的宽度决定，见下图。

焦点区域用于轻松地选择位于焦点中的图像区域或像素。

执行"选择>焦点区域"命令，弹出"焦点区域"对话框，视图模式中可以设置多种图像的预览样式。

调整"焦点对准范围"参数可以扩大或缩小选区，若将滑块移动到最左侧，则不会选择整个图像；若将滑块移动到最右侧，则只选择整个图像区域。一般情况下，系统会根据图像的对象颜色分布自动判断图像中的焦点部分，然后进行选择。

如果选择区域中存在杂色，可以调整"高级"中的"图像杂色级别"滑块位置进行控制。

使用画笔控制可以在选区中手动添加 或减去 区域，单击该图标，然后将光标移动到文档中相应区域，按住鼠标左键并拖曳即可。

"输出"下拉菜单中可将选区输出为多种形式，如蚂蚁线、蒙版等。

柔化边缘用于羽化选区边缘。如果要微调选

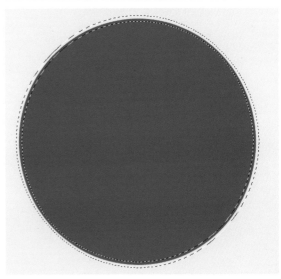

平滑用于清除基于颜色选区的杂散像素，如使用魔棒创建的选区经常出现杂散像素。执行"选择 > 修改 > 平滑"命令。在对话框中设置"取样半径"，输入 1~100 之间的像素值，数值越大，清除效果越明显，见下图。

扩展用于将选区范围扩展，扩展量的数值越大，扩展范围越大，见下图。

收缩用于将选区范围收缩，收缩量的数值越大，收缩范围越大，见下图。

羽化：使用选框、钢笔、套索等工具抠选的选区，边缘过硬，在合成图像时，显得图像不真实，将选区适当羽化，即得到一个边缘较为柔和的选区，合成的图像会融合得更好，羽化半径越大，选区边缘越柔和，见下图。

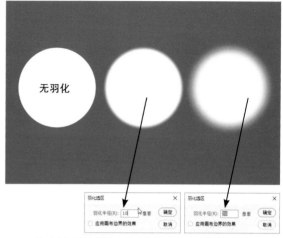

扩大选取和选取相似通常配合魔棒来创建选区，魔棒选择的范围比较受限，扩大选取可以适当扩大当前的选区区域；选取相似则可以将不相邻的相似像素都选中。

变换选区用于对选区进行放大、缩小、变形等操作。当文档中存在着选区时，执行该命令，选区四周会出现定界框。拖曳定界框，可以调整选区大小，见下图。

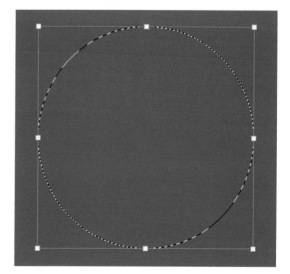

在定界框中右击，在快捷菜单中可以选择更多的变换操作，如翻转、变形等。

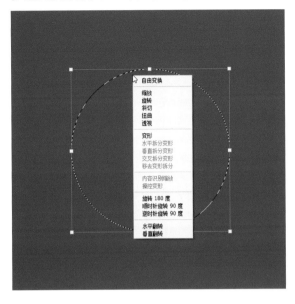

2.3.2 中级选择功能

执行"选择并遮住"命令可以得到更精准的选区，通常用于抠选毛发等比较复杂的对象。

1. 启动命令

有三种方式可以启动该命令。第一种是通过菜单，执行"选择 > 选择并遮住"命令，或者 按 Ctrl+Alt+R (Windows) 或 Cmd+Option+R (macOS) 快捷键。

第二种是通过选项栏，当激活某个选区工具后，如"快速选择"、"魔棒"或"套索"，单击"选项"栏中的"选择并遮住"按钮，见下图。

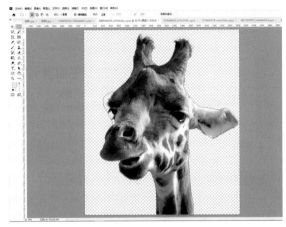

第三种是在"图层蒙版"的"属性"调板中，单击"选择并遮住"按钮，即可调用该命令。

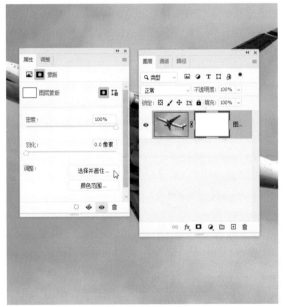

🖐Tips

可以设置默认工具行为，如双击图层蒙版打开"选择并遮住"工作区。方法是首次双击图层蒙版并设置行为，或者执行"首选项>工具>双击图层蒙版可启动'选择并遮住'工作区"命令。

2. 用户界面

"选择并遮住"的工作区大概分为四个部分：工具、工具选项栏、属性调整区、视图预览区，见下图。

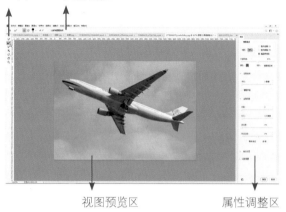

工具　　工具选项栏

视图预览区　　　　　属性调整区

(1) 工具

"选择并遮住"工作区包含 7 个工具，分别是快速选择工具、调整边缘画笔工具、画笔工具、对象选择工具、套索工具、抓手工具、缩放工具，见下图。

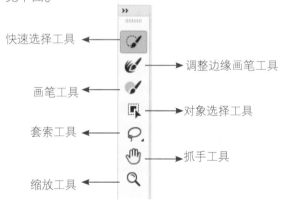

快速选择工具

调整边缘画笔工具

画笔工具

对象选择工具

套索工具

抓手工具

缩放工具

快速选择工具：当单击或单击并拖曳要选择的区域时，会根据颜色和纹理相似性进行快速选择。用户的选择不需要很精确，因为快速选择工具会自动且直观地创建选框。如果单击工具选项栏中的"选择主体"按钮，可很方便地自动选择图像中最突出的主体，见下图。

调整边缘画笔工具：精确调整边缘的边界区域。例如，轻刷柔化区域（如头发或毛皮）以向选区中加入精妙的细节，输入法为英文状态下，按方括号键可更改画笔大小。

画笔工具：在使用快速选择工具（或其他选择工具）时先进行粗略选择，然后使用调整边缘画笔工具对其进行调整。最后，可使用画笔工具来完成或清理细节。

使用画笔工具可按照以下两种简便的方法微调选区：在添加模式下，绘制想要选择的区域；在减去模式下，绘制不想选择的区域，见下图。

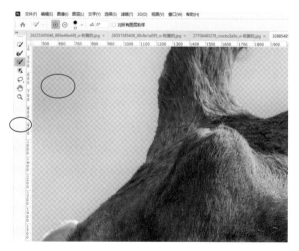

对象选择工具：围绕对象绘制矩形区域或套索。对象选择工具会在定义的区域内查找并自动选择对象。

套索工具：手绘选区边框，用于创建精确的选区。

多边形套索工具：绘制选区边框的直边段，用于绘制直线或自由选区。右击套索工具时，可以从选项中选择此工具。

抓手工具：选择此工具并拖曳图像画布，可以快速在图像文档周围导航。还可以在使用任何其他工具时，按住空格键来快速切换抓手工具。

缩放工具：放大和浏览照片。

（2）工具选项栏

添加或减去：添加或删减调整区域。

对所有图层取样：根据所有图层，而并非仅是当前选定的图层来创建选区。

选择主体：单击选择图像中的主体，见下图。

（3）属性调整区

可以在"选择并遮住"工作区的"属性"调板中调整选区，见下图。

视图模式有以下几种：

洋葱皮：将选区显示为动画样式的洋葱皮结构。

闪烁虚线：将选区边框显示为闪烁虚线。

叠加：将选区显示为透明颜色叠加。未选中区域显示为该颜色。默认颜色为红色。

黑底：将选区置于黑色背景上。

白底：将选区置于白色背景上。

黑白：将选区显示为黑白蒙版。

图层：将选区周围变成透明区域。

按F键可以在各个模式之间循环切换，按X键可以暂时禁用所有模式。

显示边缘：显示调整区域。

显示原始选区：显示原始选区。

高品质预览：渲染更改的准确预览。此选项可能会影响性能。勾选此复选框后，在处理图像时，按住鼠标左键（向下滑动）可以查看更高分辨率的预览。取消勾选此复选框后，即使向下滑动鼠标时，也会显示更低分辨率的预览。

透明度：为视图模式设置透明度，见下图。

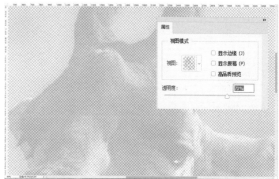

边缘检测：半径用于确定发生边缘调整的选区边框的大小。对锐边使用较小的半径，对较柔和的边缘使用较大的半径。智能半径允许选区边缘出现宽度可变的调整区域，见下图。如果选区是涉及头发和肩膀的人物肖像，此选项则十分有用。

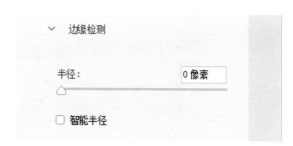

全局调整：平滑可以减少选区边界中的不规则区域（"山峰和低谷"），创建较平滑的轮廓；羽化是指模糊选区与周围像素之间的过渡效果；对比度增大时，沿选区边框的柔和边缘的过渡会变得不连贯。通常情况下，使用"智能半径"选项和调整工具效果会更好。移动边缘是指使用负值向内移动柔化边缘的边框或使用正值向外移动这些边框，向内移动这些边框有助于从选区边缘移去不想要的背景颜色，见右图。

输出设置：净化颜色是将彩色边替换为附近完全选中的像素的颜色，颜色替换的强度与选区边缘的软化度是成比例的，调整滑块可以更改净化量，默认值为100%（最大强度），由于此选项更改了像素颜色，因此它需要输出到新图层或文档上，见右图。

输出到：决定调整后的选区是变为当前图层上的选区或蒙版，还是生成一个新图层或文档，见下图。

单击"复位工作区"按钮，可将设置恢复为进入"选择并遮住"工作区时的原始状态。另外，还可以将图像恢复为进入"选择并遮住"工作区时，它所应用的原始选区或蒙版。

选择"记住设置"可存储设置，用于以后的图像。设置会重新应用于以后的所有图像，如果在"选择并遮住"工作区中重新打开当前图像，这些设置也会重新应用。

3. 案例

打开素材"201"，激活"选择并遮住"工作区，单击"选择主体"按钮，见下图。

主体图像马匹变为亮色显示，选择调整边缘画笔工具，在毛发处反复涂抹，见下图。

单击"确定"按钮，选区创建完成，见下图。

03 图像编辑

使用图像编辑工具和命令对图像进行着色，是初学者必须掌握的技能。Photoshop 日常的工作离不开这些基础的编辑工作。

任务名称： 手提袋

尺寸要求： 206mm×226mm

知识要点： 画笔的设置及应用、变形命令的编辑应用

本章难度： ★ ★ ☆ ☆ ☆

3.1 手提袋

难度 ●●○○○

重要 ●●●●○

案例剖析

①本案例产品为印刷品，因此新建文档时使用毫米单位。

②分辨率设置为 300 像素 / 英寸。

③注意出血设置。

④注意各个面的尺寸，开始设计之前建议绘制平面展开图。

 +

01　在 Photoshop 中按 Ctrl+N 快捷键，在弹出的对话框中设置文档名称为"纸袋正面"，再设置尺寸、分辨率、颜色模式，得到一个新的文档，见右图。

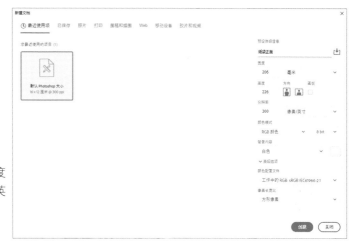

参数：宽度为206毫米，高度为226毫米，分辨率为300像素/英寸，RGB颜色模式，其余默认。

02　按 Ctrl+O 快捷键，在相应文件夹中找到"q1"素材，打开该素材，按 Ctrl+A 快捷键全选图像，再按 Ctrl+C 快捷键复制图像，见右图。

03　切换到"纸袋正面"文档，按 Ctrl+V 快捷键，图像被粘贴到新文档中，按 Ctrl+T 快捷键，适当调整图像大小和位置，见右图。

04　按 Ctrl+O 快捷键，在相应文件夹中找到"q2"素材，使用钢笔工具将对象抠选出来，见下图。

05　在"路径"调板菜单中执行"建立选区"命令，在弹出的对话框中设置"羽化半径"为 1，单击"确定"按钮，见下图。

06 按 Ctrl+C 快捷键，复制选区内图像，见下图。

07 切换到"纸袋正面"文档，按 Ctrl+V 快捷键，然后按 Ctrl+T 快捷键粘贴图像，将图像大小和位置进行适当调整，见右图。

08 使用套索工具抠选手机屏幕，见下图。

09 执行"选择 > 反选"命令，然后在"图层"调板下方单击建立蒙版图标，见下图。

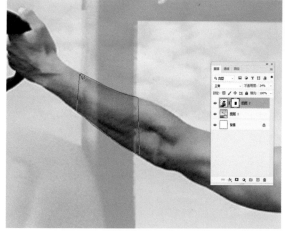

10 适当调整图层 2 的不透明度，见下图。

11 使用套索工具抠选左手臂与手机的交集处，见下图。

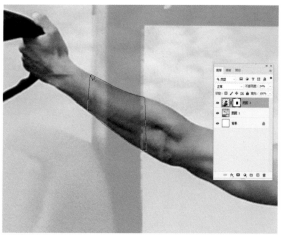

12 设置前景色为黑色，确认当前图层中的蒙版处于激活状态，然后选择工具箱中的画笔工具，在选区中反复涂抹，显示手臂图像，见下图。

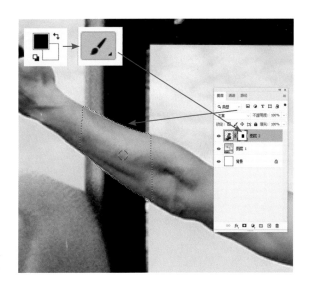

13 按 Ctrl+D 快捷键取消选区，见下图。

14 执行"图层 > 拼合图像"命令，然后按 Ctrl+A 快捷键全选图像，再按 Ctrl+C 快捷键复制图像，见下图。

15 按 Ctrl+N 快捷键，在弹出的对话框中设置文档名称为默认，再设置尺寸、分辨率、颜色模式，其余使用默认选项，得到一个新的文档，见下图。

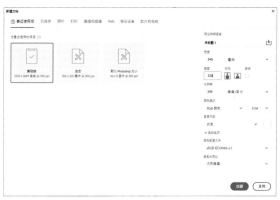

参数：宽度为540毫米，高度为320毫米，分辨率为300像素/英寸，RGB颜色模式，其余默认。

16 在文档中设置 2 条横向参考线和 3 条纵向参考线，见右图。

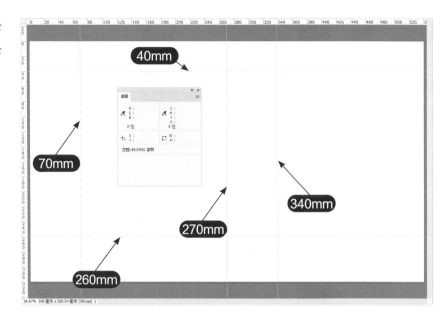

17 按 Ctrl+V 快捷键，将之前复制的图像粘贴到当前文档中，使用移动工具将图像移动到合适位置，此时应注意出血位置，见下图。

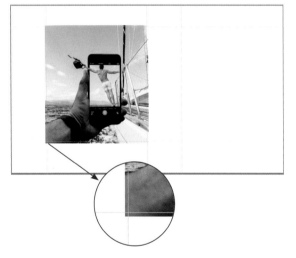

18 再按 Ctrl+V 快捷键，图像被粘贴到当前文档中，使用移动工具将图像移动到合适位置，此时也应注意出血位置，见下图。

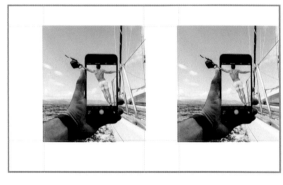

19 按 Ctrl+S 快捷键，设置文档的名称为"纸袋展开图"，并将文档存储到相应的文件夹中，见右图。

3.2 图像编辑工具

难度 ●●○○○

重要 ●●●○○

使用工具箱中的画笔、渐变等工具时，需要先设置它们的颜色，在 Photoshop 中可以通过颜色设置工具来完成。

3.2.1 拾色器

单击工具箱中的设置前景色或设置背景色图标，弹出"拾色器（前景色）"对话框或"拾色器（背景色）"对话框，见下图。

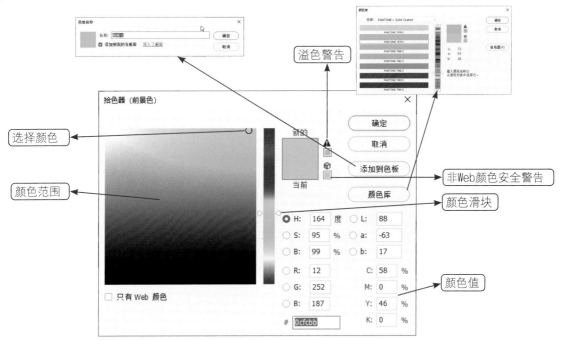

在"拾色器（前景色）"对话框中，可以选择不同的颜色模式来确定颜色，如 RGB、CMYK、Lab 等。

颜色范围：提供用于选择的颜色范围，拖曳颜色滑块可以改变当前的颜色范围。

选择颜色：在提供的颜色范围内单击可以改变当前所选择的颜色。

颜色值：显示当前设置的颜色值，也可以输

入精确的数值来定义颜色。

溢色警告：通知用户显示打印机无法正确打印的颜色设置。

颜色滑块：调整拾色器中选择颜色的范围，拖曳滑块即可改变。

非 Web 颜色安全警告：警告当前设置的颜色不能在网页中正确显示。

3.2.2 色板

可以使用色板中预置的颜色来设置前景色和背景色。执行"窗口 > 色板"命令，打开"色板"调板，在"色板"调板中的颜色都是预先设置好的。单击某个颜色，该颜色就设置为前景色，见右图；按住 Alt 键单击某个颜色，则可以将其设置为背景色。

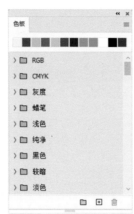

3.2.3 填充

填充用于填充图像或选区内的颜色和图案。描边用于为图像或选区调整可见边缘。

填充颜色可以使用填充命令和油漆桶工具两种方式。

1. 使用填充命令

执行"编辑 > 填充"命令可以为图像或选区填充颜色。

(1) 填充单色

执行"编辑 > 填充"命令，在弹出的"填充"对话框的"内容"下拉列表中选择"前景色"、"背景色"和"颜色"选项，填充某个单一的颜色，见下图。

Tips

按 Alt+Del 快捷键，可快速填充前景色；按 Ctrl+Del 快捷键，可快速填充背景色。

选择"颜色"选项可以填充自选的任意颜色，在弹出的"拾色器（填充颜色）"对话框中选择要填充的颜色，单击"确定"按钮，返回"填充"对话框，再单击"确定"按钮完成填充操作，见下图。

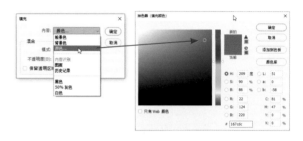

在"填充"对话框中的"模式"下拉列表中可以设置填充色与图像中颜色的混合模式，该混合模式与图层混合模式相同，详细内容可参考第 05 章。

(2) 填充图案

执行"编辑 > 填充"命令，在弹出的"填充"对话框的"内容"下拉列表中选择"图案"选项，在"自定图案"列表框中选择填充图案；还可以单击"自定图案"列表框右侧的 ✿ 按钮，在快捷菜单中选择导入的图案，以获得更多的图案样式，勾选"脚本"复选框可设置多种填充方式，见下图。

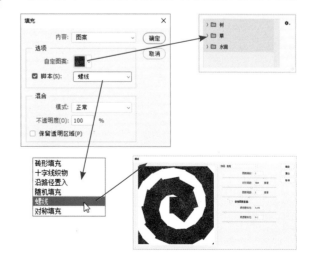

2. 使用油漆桶工具

油漆桶工具用于填充颜色值与单击处颜色值相似的相邻像素颜色。在图像中若创建了选区，则填充的区域为选区；若没有选区，则会填充单击处周围的颜色区域。

油漆桶工具选项栏用来设置填充方式和参数，见下图。

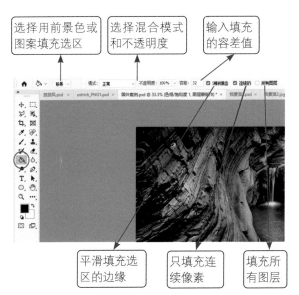

选择用前景色或图案填充选区

选择混合模式和不透明度

输入填充的容差值

平滑填充选区的边缘

只填充连续像素

填充所有图层

3.2.4 描边

使用描边命令可以在选区、路径或图层周围绘制彩色边框。若按此方法创建边框，则该边框将变成当前图层的栅格化部分。

在图像中创建选区之后，执行"编辑 > 描边"命令，弹出"描边"对话框，在"宽度"中可以设置描边的宽度；"颜色"选项，默认为前景色，单击色块可调用拾色器，重新选择描边色。在"位置"选项组中，可以指定在选区或图层边界的内部、外部或中心放置边框。若在图层内填充整个图像，则在图层外部应用的描边将不可见。在"混合"选项组中可以设置描边的混合模式和不透明度，见后图。

3.2.5 渐变工具

使用渐变工具可以创建多种颜色之间的逐渐混合。可以从预设渐变填充中选择或创建自己的渐变。在图像中拖曳渐变填充区域，起点（按住鼠标左键处）和终点（松开鼠标左键处）会影响渐变外观。

1. 渐变工具选项栏

选择工具箱中的渐变工具，在渐变工具选项栏中出现渐变工具选项，见下图。

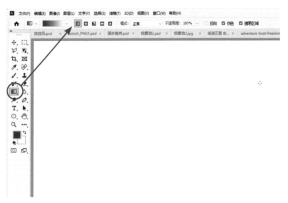

渐变编辑器：在"渐变编辑器"对话框中显示当前的渐变颜色和其他渐变颜色，还可以新建或修改其他渐变颜色并保存。

渐变类型：选择渐变颜色的类型。线性渐变以直线从起点渐变到终点；径向渐变以圆形图案从起点渐变到终点；角度渐变围绕起点以逆时针扫描方式渐变；对称渐变使用均衡的线性渐变在起点的任一侧渐变；菱形渐变以菱形方式从起点向外渐变，终点定义菱形的一个角。

模式：设置渐变时的混合模式。

不透明度：设置渐变效果的不透明度。

反向：反转渐变填充中的颜色顺序。

仿色：用较小的带宽创建较平滑的混合，使渐变的效果更平滑。

透明区域：创建包含透明像素的渐变。

2. 渐变编辑器

选择工具箱中的渐变工具，双击渐变工具选项栏中的渐变颜色条，弹出"渐变编辑器"对话框，见下图。

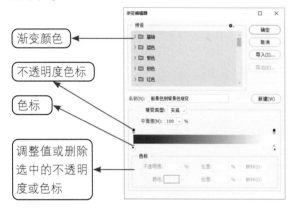

（1）新建渐变颜色

单击"渐变编辑器"对话框中的"新建"按钮，会在"预设"列表框中显示渐变颜色的缩略图，在"名称"文本框中修改名称；或者双击该渐变颜色的缩略图，弹出"渐变名称"对话框，修改渐变颜色的名称，见下图。

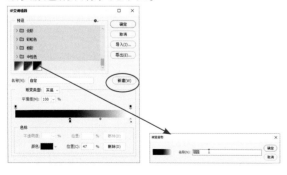

（2）编辑渐变颜色

在"渐变编辑器"对话框中，通常根据实际需要修改渐变颜色，方法是添加色标和修改色标的颜色。将光标移动到色标滑块上单击，可激活该色标；单击该色标下方的颜色图标，可在弹出的"拾色器（色标颜色）"对话框中修改色标颜色，见下图。

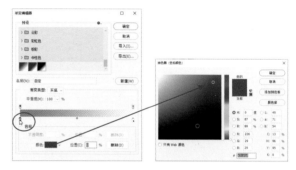

当要创建多个颜色的渐变时，可以通过添加色标的方式来增加渐变条中的颜色。将光标移动到渐变条的下方，光标变成形状，单击以添加色标；双击该色标可以修改其颜色值，见下图。

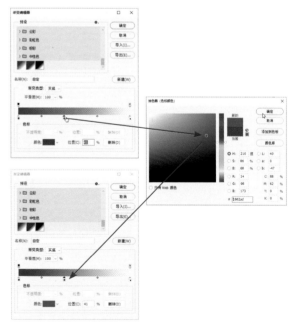

如果要删除某个色标，可单击该色标，再单击下面的"删除"按钮；拖曳色标，可调整该色标在渐变条上的位置，也可通过调整"位置"数

值的大小来改变该色标的位置，见下图。

单击渐变条上面的色标，可修改渐变色的不透明度，见下图。

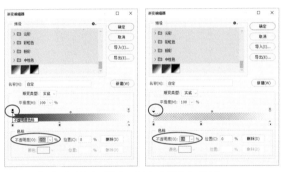

（3）存储和导入 / 导出渐变颜色

存储新建的渐变颜色，单击"新建"按钮，即可将编辑好的渐变条存入预设库中，见下图。

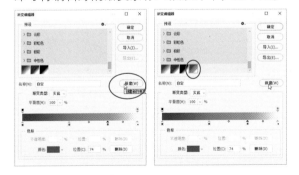

可将预设中的渐变导出为文档，以便导入其他计算机中使用，在预设中选中某个渐变或者渐变组，单击"导出"按钮，在弹出的对话框中设置名称和存储路径，然后单击"确定"按钮即可，见后图。如需导入渐变，单击"导入"按钮，然后在相应文件夹中选中渐变文档即可。

3. 杂色渐变

杂色渐变包括在所指定的颜色范围内随机分布的颜色。在"渐变编辑器"对话框中，选择"渐变类型"为"杂色"，见下图。

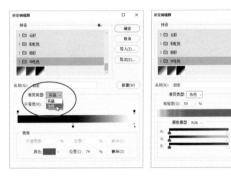

粗糙度：控制渐变中的两个色带之间逐渐过渡的方式。

颜色模型：更改可以调整的颜色模型。对每个分量，拖曳滑块定义可接受值的范围。例如，选择 HSB 颜色模型，可以将渐变限制为蓝绿色调、高饱和度及中等亮度，见下图。

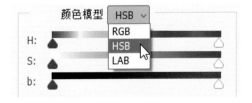

限制颜色：防止出现过饱和的颜色。

增加透明度：增加随机颜色的透明度。

随机化：随机创建符合上述设置的渐变，单击该按钮可以随机分布渐变杂色，直至找到所需的设置。

3.2.6 画笔工具与"画笔"调板

画笔工具是 Photoshop 中最常用的绘图工具，而"画笔"调板是 Photoshop 中一个非常重要的调板。通过"画笔"调板可以设置画笔工具、铅笔工具，以及减淡工具、加深工具等一些绘画和修饰工具的画笔大小、硬度、笔尖的种类。

1. 画笔工具

画笔工具主要有三大用处：绘制线条和图案、定义路径的描边图案、绘制蒙版，见下图。

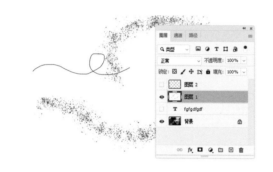

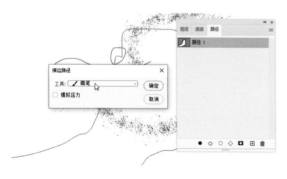

画笔工具受 4 个因素影响：一是颜色，二是笔刷类型，三是大小，四是软硬度，见下图。

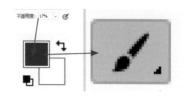

在画笔工具选项栏中，可以调节画笔的大小、形状和硬度等，见下图。

画笔预设：单击"画笔预设"右侧的 ▾ 按钮，打开画笔预设选取器，此处可以选择笔尖，设置画笔的大小和硬度。

大小：暂时更改画笔大小，拖曳滑块或输入一个值。若画笔具有双笔尖，则主画笔笔尖和双画笔笔尖都将改变。

硬度：更改画笔工具的消除锯齿量。若为100%，画笔工具则使用最硬的画笔笔尖绘画，并消除了锯齿。注意，铅笔工具始终绘制没有消除锯齿的硬边缘（仅适合圆形画笔和方头画笔）。

模式：设置画笔绘制的线条与其下像素的混合模式。

不透明度：设置画笔的不透明度，数值越高，线条的透明度越低。

流量：设置光标移动时应用颜色的速率。

喷枪：启用喷枪功能。根据鼠标左键的单击数量来确定画笔线条填充的数量。

2. "画笔"调板

可以在"画笔设置"调板中选择预设画笔，也可以修改现有画笔并设计新的自定义画笔。"画笔"调板包含可确定如何对图像应用颜色的画笔笔尖选项，见下图。

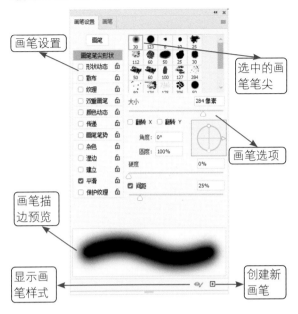

画笔设置：选中某选项，在调板的右侧会显示该选项设置的详细内容，用来修改画笔的角度，为其添加纹理、颜色动态等。

画笔描边预览：查看所选择的画笔笔尖形状。

选中的画笔笔尖：当前所选择的画笔笔尖。

画笔选项：调整画笔的参数。

创建新画笔：保存修改的画笔，作为一个新的预设画笔。

显示画笔样式：在窗口中显示画笔笔尖的样式。

3. 画笔笔尖的种类

在 Photoshop 中，画笔笔尖可分为两种：一是常规的圆形笔尖，二是非常规的特殊笔尖，见下图。

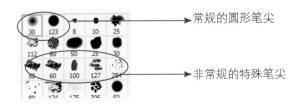

圆形笔尖包括实边、柔边和尖角、柔角。使用实边和尖角绘制的线条具有清晰的边缘；而使用柔边和柔角绘制出来的线条，边缘柔和，有淡入、淡出的效果。

4. 画笔设置

画笔的笔尖形状决定描边中画笔绘制的笔迹如何变化，使画笔的大小、圆度产生随机变化。

(1) 形状动态

形状动态决定描边中画笔笔迹的变化，见下图。

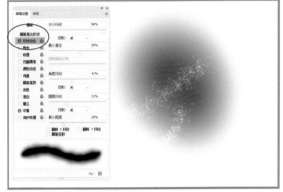

大小抖动和控制：指定描边中画笔笔迹大小的改变方式。通过输入数字或拖曳滑块设置抖动的最大百分比值。

最小直径：指定当启用"大小抖动"和"控制"时画笔笔迹可以缩放的最小百分比值。通过输入数字或拖曳滑块设置画笔笔尖直径的百分比值。

倾斜缩放比例：指定当"控制"设置为"钢笔斜度"时，在旋转前应用于画笔高度的比例。通过输入数字或拖曳滑块设置画笔直径的百分比值。

角度抖动和控制：指定描边中画笔笔迹角度的改变方式。若要设置抖动的最大百分比，则输入 360。要指定希望如何控制画笔笔迹的角度变化，可在"控制"下拉列表中选择一个选项。"关"选项指定不控制画笔笔迹的角度变化；

"渐隐"选项按指定数量的步长在 0°~360° 范围内渐隐画笔笔迹角度；"钢笔压力""钢笔斜度""钢笔轮""旋转"选项依据钢笔压力、钢笔斜度、钢笔拇指轮位置或钢笔在 0°~360° 范围内的旋转改变画笔笔迹的角度；"初始方向"选项使画笔笔迹的角度基于画笔描边的初始方向；"方向"选项使画笔笔迹的角度基于画笔描边的方向。

（2）散布

画笔散布可确定描边中画笔笔迹的数量和位置，见下图。

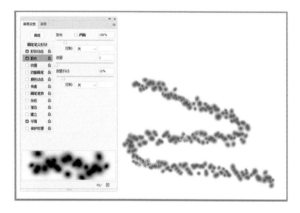

散布和控制：指定画笔笔迹在描边中的分布方式。当勾选"两轴"复选框时，画笔笔迹按径向分布；当取消勾选"两轴"复选框时，画笔笔迹垂直于描边路径分布。若要指定散布的最大百分比，则输入一个 0~100 范围内的值。要指定希望如何控制画笔笔迹的散布变化，可以在"控制"下拉列表中选择一个选项。"关"选项指定不控制画笔笔迹的散布变化；"渐隐"选项按指定数量的步长将画笔笔迹的散布从最大散布渐隐到无散布；"钢笔压力""钢笔斜度""钢笔轮""旋转"选项依据钢笔压力、钢笔斜度、钢笔拇指轮位置或钢笔的旋转来改变画笔笔迹的散布。

数量：指定在每个间距间隔应用的画笔笔迹数量。

数量抖动：指定画笔笔迹的数量如何针对各

种间距间隔而变化。要指定在每个间距间隔处涂抹的画笔笔迹的最大百分比，则输入一个值。要指定希望如何控制画笔笔迹的数量变化，则在"控制"下拉列表中选择一个选项。

（3）纹理

纹理是指利用图案使描边看起来像在带纹理的画布上绘制一样，见下图。

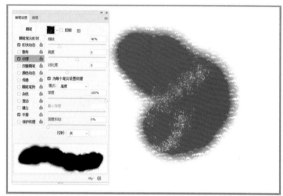

反相：基于图案中的色调反转纹理中的亮点和暗点。当勾选"反相"复选框时，图案中的最亮区域是纹理中的暗点，因此接收最少的颜色；图案中的最暗区域是纹理中的亮点，因此接收最多的颜色。当取消勾选"反相"复选框时，图案中的最亮区域接收最多的颜色，图案中的最暗区域接收最少的颜色。

缩放：指定图案的缩放比例。通过输入数字或拖曳滑块设置比例。

为每个笔尖设置纹理：将选定的纹理单独应用于画笔描边中的每个画笔笔迹，而不作为整体应用于画笔描边（画笔描边由拖曳画笔时连续应用的多个画笔笔迹组成）。只有勾选此复选框，才能使用"深度"选项。

模式：指定用于组合画笔和图案的混合模式。

深度：指定颜色渗入纹理中的深度。通过输入数字或拖曳滑块设置比例。若比例为 100%，则纹理中的暗点不接收任何颜色；若为 0%，则纹理中的所有点都接收相同数量的颜色，从而隐藏图案。

最小深度: 指定在将 "控制" 设置为 "渐隐"、"钢笔压力"、"钢笔斜度" 或 "钢笔轮", 并且勾选 "为每个笔尖设置纹理" 复选框时颜色可渗入的最小深度。

深度抖动和控制: 指定当勾选 "为每个笔尖设置纹理" 复选框时深度的改变方式。要指定抖动的最大百分比, 则输入一个值。要指定希望如何控制画笔笔迹的深度变化, 则在 "控制" 下拉列表中选择一个选项。

(4) 双重画笔

双重画笔组合两个笔尖来创建画笔笔迹, 在主画笔的画笔描边内应用第二个画笔纹理, 且仅绘制两个画笔描边的交叉区域。在 "画笔" 调板的画笔笔尖形状部分中设置主要笔尖的选项, 见下图。

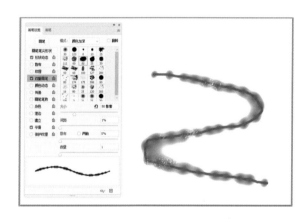

模式: 选择由主要笔尖和次要笔尖组合画笔笔迹时要使用的混合模式。

大小: 指定双笔尖的大小。输入值以像素为单位, 或者单击 "使用取样大小" 按钮来使用画笔笔尖的原始直径 (只有当画笔笔尖形状通过采集图像中的像素样本创建时, "使用取样大小" 按钮才可用)。

间距: 指定描边中双笔尖画笔笔迹之间的距离。若更改间距, 则通过输入数字或拖曳滑块来设置笔尖直径的百分比。

散布: 指定描边中双笔尖画笔笔迹的分布方式。当勾选 "两轴" 复选框时, 双笔尖画笔笔迹按径向分布; 当取消勾选 "两轴" 复选框时, 双笔尖画笔笔迹垂直于描边路径分布。要指定散布的最大百分比, 可通过输入数字或拖曳滑块来设置参数。

数量: 指定在每个间距间隔应用的双笔尖画笔笔迹的数量, 可通过输入数字或拖曳滑块来设置。

(5) 颜色动态

颜色动态决定绘制线条中的颜色、明度、饱和度等变化方式, 见下图。

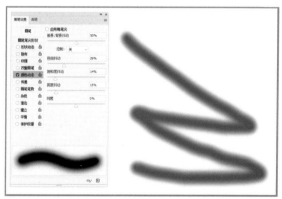

前景 / 背景抖动和控制: 指定前景色和背景色之间的颜色变化方式。要指定颜色可以改变的百分比, 可通过输入数字或拖曳滑块来设置。要指定如何控制画笔笔迹的颜色变化, 可在 "控制" 下拉列表中选择一个选项, 来控制前景 / 背景抖动。

色相抖动: 指定描边中颜色色相可以改变的百分比, 可通过输入数字或拖曳滑块来设置。较低的值在改变色相的同时保持接近前景色的色相, 较高的值则增大色相级别之间的差异。

饱和度抖动: 指定描边中颜色饱和度可以改变的百分比, 可通过输入数字或拖曳滑块来设置。较低的值在改变饱和度的同时保持接近前景色的饱和度, 较高的值则增大饱和度级别之间的差异。

亮度抖动：指定描边中颜色亮度可以改变的百分比，可通过输入数字或拖曳滑块来设置。较低的值在改变亮度的同时保持接近前景色的亮度，较高的值则增大亮度级别之间的差异。

纯度：增大或减小颜色的饱和度。输入一个数字或拖曳滑块设置一个范围在 −100 ～ 100 的百分比值。若该值为 −100，则颜色将完全去色；若该值为 100，则颜色将完全饱和。

（6）传递

传递决定颜色在描边路径中的改变方式，见下图。

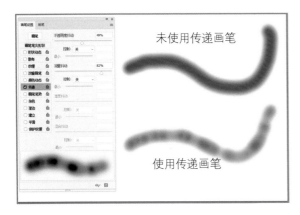

不透明度抖动和控制：指定画笔描边中颜色不透明度如何变化，最高值为工具选项栏中指定的不透明度值。要指定颜色不透明度可以改变的百分比，可通过输入数字或拖曳滑块来设置。要指定希望如何控制画笔笔迹的不透明度变化，可在"控制"下拉列表中选择一个选项，来控制不透明度抖动。

流量抖动和控制：指定画笔描边中颜色流量如何变化，最高（但不超过）值为工具选项栏中指定的流量值。要指定颜色流量可以改变的百分比，可通过输入数字或拖曳滑块来设置。要指定如何控制画笔笔迹的流量变化，可在"控制"下拉列表中选择一个选项，来控制流量抖动。

（7）其他画笔选项

杂色：为个别画笔笔尖增加额外的随机性。当应用柔边画笔笔尖时，此选项最有效。

湿边：沿画笔描边的边缘增大颜色流量，从而创建水彩效果。

平滑：在画笔描边中生成更平滑的曲线。当使用光标进行快速绘画时，此选项最有效，但是在描边渲染中可能会轻微滞后。

保护纹理：将相同图案和缩放比例应用于具有纹理的所有画笔预设。选择此选项，在使用多个纹理画笔笔尖绘画时，可以模拟一致的画布纹理。

5. 画笔预设

执行"窗口＞画笔"命令，在工作区右侧会显示"画笔"调板，单击调板右上角的 按钮，弹出菜单，见下图。

（1）新建画笔预设

用于创建新的画笔预设。新预设的画笔存储在一个首选项文件中。若此文件被删除或损坏，或者将画笔复位到默认库，则新预设的画笔将丢失。如果想永久存储新的预设画笔，可将其存储在预设画笔库中。

（2）重命名画笔

用于修改画笔的名称。执行"重命名画笔"命令，输入新名称，单击"确定"按钮；或者在"画笔"调板中双击画笔笔尖，输入新名称，单击"确定"按钮，完成重命名操作。

（3）删除画笔

用于删除画笔。在"画笔"调板中，按住Alt键并单击要删除的画笔；或选择画笔，然后在"画笔"调板菜单中执行"删除画笔"命令；或单击"删除画笔"按钮，都可以将画笔删除。

（4）载入预设画笔库

要载入预设画笔库，可在"画笔"调板菜单中执行"导入画笔"和"导出选中的画笔"命令。

导入画笔：将画笔导入预设画笔库中。

导出选中的画笔：将选中的画笔导出进行保存。

也可以使用"预设管理器"命令载入和复位预设画笔库。

3.2.7 其他绘图工具

在Photoshop中除画笔工具外，铅笔工具、历史画笔工具和颜色替换工具等都属于绘图工具，可用来绘图和修改图像。

1. 铅笔工具

铅笔工具使用前景色绘制线条。它与画笔工具的唯一区别是，使用铅笔工具只能绘制边缘硬朗的线条，不能绘制边缘柔化的线条。在铅笔工具选项栏中除增加"自动抹除"复选框外，其他选项与画笔工具选项栏相同。

自动抹除：在包含前景色的区域上方绘制背景色，选择要抹除的前景色和要更改为的背景色。

2. 历史画笔工具

（1）历史记录画笔工具

历史记录画笔工具对历史记录中的某一步进行抹除，用来对图像进行局部恢复，该工具需与"历史记录"调板配合使用。在"历史记录"调板中可以看到图像调整了模糊，选择历史记录画笔工具后，在"历史记录"调板中单击"打开"左侧的复选框，设置历史记录点，然后使用历史记录画笔工具 在图像中涂抹，可以看到涂抹过的图像恢复原始的清晰度，见下图。

（2）历史记录艺术画笔工具

历史记录艺术画笔工具使用指定历史记录状态或快照中的源数据，以风格化描边绘画。可尝试使用不同的绘画样式、大小和容差选项，用不同的颜色和艺术风格模拟绘画的纹理。

与历史记录画笔工具一样，历史记录艺术画笔工具也将指定的历史记录状态或快照作为源数据。

历史记录画笔工具通过重新创建指定的源数

据来绘画；而历史记录艺术画笔工具在使用这些数据的同时，还使用用户为创建不同的颜色和艺术风格而设置的选项，见下图。

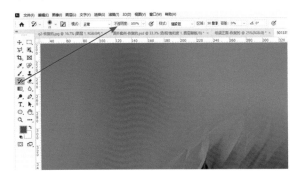

画笔预设：选择一种画笔，并设置画笔选项。

模式：混合模式。

样式：控制绘图描边的形状。

区域：输入值以指定绘图描边所覆盖的区域。值越大，覆盖的区域越大，描边的数量越多。

容差：输入值以指定可应用绘图描边的区域。低容差用于在图像中的任何地方绘制无数条描边；高容差将绘图描边限定在与源状态或快照中的颜色明显不同的区域。

3. 颜色替换工具

颜色替换工具用于替换图像中的色相、颜色、明度、饱和度等，可以将前景色的颜色替换到图像中，但该工具不能用于位图、索引或多通道颜色模式的图像，见下图。

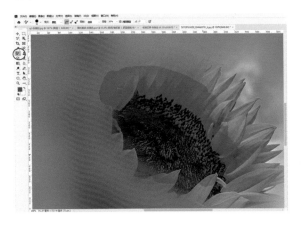

4. 混合器画笔工具

混合器画笔工具可以模拟真实的绘画技术，如混合画布上的颜色、组合画笔上的颜色及在描边过程中不同的绘画湿度。混合器画笔工具有两个绘画色管：储槽和拾取器。储槽存储最终应用于画布的颜色，并且具有较多的颜色量；拾取器接收来自画布的颜色，其内容与画布颜色是连续混合的，见下图。

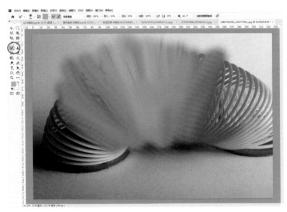

在混合器画笔工具选项栏中，可以修改一些选项和数值来改变绘画的效果。

有用的混合画笔组合：应用流行的"潮湿""干燥""混合"设置组合。

潮湿：控制画笔从画布拾取的颜色量。较高的设置会产生较长的绘画条痕。

混合：控制画布颜色量与储槽颜色量的比例。当比例为 100% 时，所有颜色都将从画布中拾取；当比例为 0 时，所有颜色都来自储槽。

对所有图层取样：拾取所有可见图层中的画布颜色。

3.2.8 图像修饰工具

Photoshop 提供了多种图像修饰工具，如仿制图章工具、图案图章工具、修复画笔工具、修补工具和红眼工具等，它们都能用于修补图像中的污点和瑕疵。

1. 仿制图章工具

仿制图章工具将图像的一部分绘制到同一个图像的另一部分，或绘制到任何打开的具有相同颜色模式的图像另一部分，也可以将一个图层的一部分绘制到另一个图层。仿制图章工具有助于复制对象或移去图像中的缺陷。

要使用仿制图章工具，可从当前图像复制像素的区域，按住 Alt 键单击来设置取样点，然后在需要修改的图像区域单击绘制，见下图。要在每次停止并重新开始绘制时使用最新的取样点，可勾选"对齐"复选框，此时会对像素连续取样，而不会丢失当前的取样点；取消勾选"对齐"复选框将从初始取样点开始绘制，而与停止并重新开始绘制的次数无关。不透明度和流量可以控制对仿制区域应用绘制的方式。

2. 图案图章工具

图案图章工具利用 Photoshop 提供的各种图案或自定义图案进行绘图，在工具选项栏中选择图案，在图像中涂抹即可完成绘制，见下图。

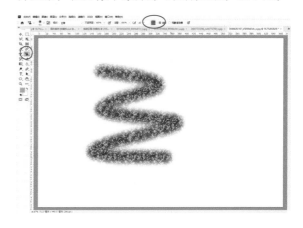

3. 修复画笔工具

修复画笔工具用于校正瑕疵，使它们消失在周围的像素中。与仿制图章工具一样，修复画笔工具可以利用图像或图案中的样本像素来绘画。修复画笔工具还可以将样本像素的纹理、光照、透明度和阴影与所修复的像素进行匹配，从而使修复后的像素不留痕迹地融入图像的其余部分。

在修复画笔工具选项栏中可以通过修改参数来调整画笔，见下图。

模式：指定混合模式。选择"替换"选项可以在使用柔边画笔时，保留画笔描边边缘处的杂色、胶片颗粒和纹理。

源：指定修复像素的源。"取样"使用当前

图像的像素；"图案"使用某个图案的像素。如果选择"图案"单选按钮，可在"图案"下拉列表中选择一个图案。

对齐：勾选该复选框，连续对像素进行取样，即使松开鼠标左键，也不会丢失当前取样点。若取消勾选"对齐"复选框，则在每次停止并重新开始绘制时使用初始取样点中的样本像素。

样本：从指定的图层中取样。要从现有图层及其下方的可见图层中取样，可选择"当前和下方图层"选项；要仅从现有图层中取样，可选择"当前图层"选项；要从所有可见图层中取样，可选择"所有图层"选项；要从调整图层以外的所有可见图层中取样，可选择"所有图层"选项，然后单击"样本"下拉列表右侧的"忽略调整图层"按钮。

按住 Alt 键并在图像中某处单击，确定取样点，然后将光标移动到需要编辑处，按住鼠标左键反复涂抹，见下图。

4. 污点修复画笔工具

使用污点修复画笔工具可以快速去除图像中的污点和其他不理想的部分。污点修复画笔工具的工作方式与修复画笔工具类似，它使用图像或图案中的样本像素绘画，并将样本像素的纹理、光照、透明度和阴影与所修复的像素相匹配。与修复画笔工具不同之处是，污点修复画笔工具不要求用户指定样本点，而是自动从所修饰区域的周围取样。

在污点修复画笔工具选项栏中可以通过更改参数来调整画笔，见下图。

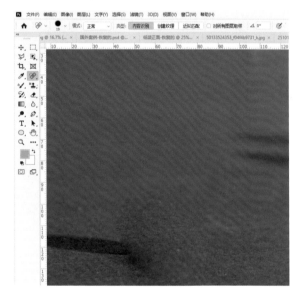

模式：选择混合模式。选择"替换"选项可以在使用柔边画笔时，保留画笔描边的边缘处的杂色、胶片颗粒和纹理。

类型：修改污点修复画笔工具的修复方式。

近似匹配：使用选区边缘周围的像素，找到要修补的区域。

创建纹理：使用选区中的像素创建纹理。如果纹理不起作用，可尝试再次拖过该区域。

内容识别：比较附近的图像内容，不留痕迹地填充选区，同时保留让图像栩栩如生的关键细节，如阴影和对象边缘等。

选择污点修复画笔工具之后，在图像中需要编辑处按住鼠标左键，反复涂抹即可，见下图。

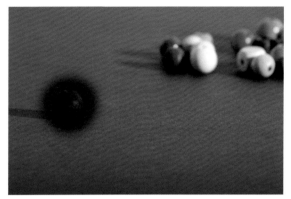

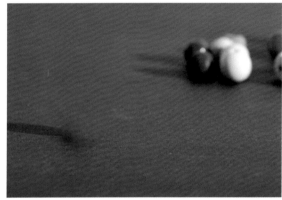

5. 修补工具与红眼工具

修补工具使用其他区域或图案中的像素来修复选中的区域。与修复画笔工具一样，修补工具会将样本像素的纹理、光照和阴影与原像素进行匹配。使用修补工具还可以仿制图像的隔离区域。

红眼工具可以去除人物或动物的闪光照片中的红眼。在红眼工具选项栏中，"瞳孔大小"用于增大或减小受红眼工具影响的区域，"变暗量"用于设置校正的暗度。

6. 减淡工具与加深工具

减淡工具和加深工具基于调节照片特定区域曝光度的传统摄影技术，使图像区域变亮或变暗。摄影师可遮挡光线使照片中的某个区域变亮（减淡），或增加曝光度使照片中的某些区域变暗（加深）。使用减淡工具或加深工具在某区域绘制的次数越多，该区域会变得越亮或越暗，见下图。

在相应的工具选项栏中，可以通过"范围"下拉列表来确定要修改的区域，"中间调"更改灰色的中间范围，"阴影"更改暗区域，"高光"更改亮区域。

7. 模糊工具与锐化工具

模糊工具用于柔化硬边缘或减少图像中的细节。使用此工具在某区域绘制的次数越多，该区域越模糊。

锐化工具用于增加边缘的对比度以增强外观上的锐化程度。使用此工具在某区域绘制的次数越多，增强的锐化效果越明显。

8. 涂抹工具与海绵工具

涂抹工具用于模拟将手指拖过湿油漆时所看到的效果。该工具可拾取描边开始位置的颜色，并沿拖曳的方向展开这种颜色。

海绵工具用于修改图像的颜色饱和度。

3.2.9 图像裁剪工具

在对图像或照片进行编辑时，如果有需要裁剪的图像，可以使用裁剪工具。使用裁剪工具和裁切命令都可以对图像进行裁剪。

1. 使用裁剪工具裁剪图像

使用裁剪工具可以对图像进行裁剪，并重新设置画布的大小。选择工具箱中的裁剪工具，在图像中单击，弹出一个控制框，可以根据需要调整控制框的大小以确定裁切范围，然后按 Enter 键完成图像裁剪，见下图。

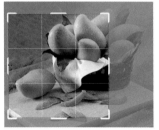 

在裁剪工具选项栏中设置裁剪工具参数，在"比例"中设置长宽比；单击"清除"按钮，可清除设置的长宽比；叠加选项用于裁剪时显示叠加参考线的视图，见下图。

2. 透视裁剪工具

使用透视裁剪工具在裁剪时可以变换图像的透视。处理包含梯形扭曲的图像时要使用透视裁剪工具。当从一定角度而不是以平直视角拍摄对象时，会发生石印扭曲。例如，从地面拍摄高楼的照片，则高楼顶部的边缘看起来比底部的边缘要更近一些，见下图。

3. 切片工具

使用切片工具可将图像分割为多个切片，以便网络使用，见右图。

执行"文件 > 导出 > 存储为 Web 所用格式"命令，在弹出的对话框中将格式设置为 PNG-8，单击"存储"按钮，然后设置存储的路径即，见下图。

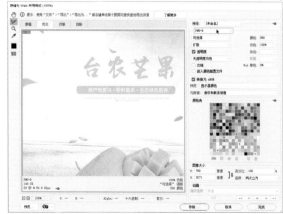

3.2.10 图像擦除工具

图像擦除工具用于擦除图像，包括橡皮擦工具、魔术橡皮擦工具和背景橡皮擦工具。

1. 橡皮擦工具

橡皮擦工具用于擦除图像，可将像素更改为背景色或透明。如果正在背景或已锁定透明度的图层中工作，像素将更改为背景色；否则，像素将被抹成透明。

在橡皮擦工具选项栏中，可将"模式"设置为"画笔"、"铅笔"和"块"。"画笔"和"铅笔"模式可将橡皮擦设置为像画笔和铅笔一样工作；"块"模式则设置为具有硬边缘和固定大小的方形，并且不提供用于更改不透明度或流量的选项。"不透明度"和"流量"选项用于设置擦除图像的程度，见下图。

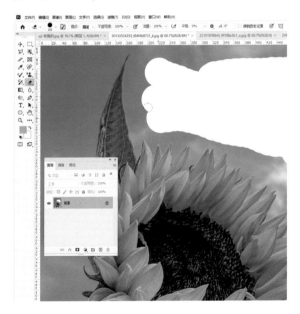

2. 魔术橡皮擦工具

使用魔术橡皮擦工具单击图层，该工具会将所有相似的像素更改为透明。如果在已锁定透明度的图层中工作，这些像素将更改为背景色。若在背景中单击，则将背景转换为图层并将所有相似的像素更改为透明。可以选择在当前图层上是只抹除邻近的像素，还是抹除所有相似的像素，见下图。

3. 背景橡皮擦工具

背景橡皮擦工具可将拖曳鼠标经过的图层上的像素抹成透明，从而可以在抹除背景的同时在前景中保留对象的边缘。通过选择不同的"取样"和"容差"选项可以控制透明度的范围和边界的锐化程度，见下图。

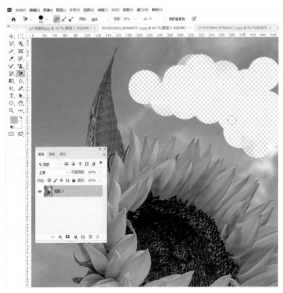

79

3.3 图像编辑命令

难度 ●●○○○

重要 ●●●○○

Keyword

Photoshop 中使用图像编辑命令来编辑图像，如变换命令、操控变形命令等。

3.3.1 图像的变换与变形

编辑图像包括对图像进行移动、缩放、旋转、扭曲等操作。其中，移动、缩放、旋转图像不会改变图像形状，称为图像的变换操作；扭曲等改变图像形状的操作称为图像的变形操作。通过"变换"命令与"自由变换"命令可实现图像的变换与变形。

1. 图像变换

执行"编辑 > 自由变换"命令，或者按 Ctrl+T 快捷键，显示变换图像的定界框，见下图。

（1）移动

将光标移动到定界框内，按住鼠标左键并拖曳图像，完成后按 Enter 键即可，见后图。

（2）缩放

将光标移动到定界框内，右击，在快捷菜单中执行"缩放"命令，然后将光标移动到控制点上，光标变为 形状，拖曳控制点，使图像等比例缩放，按 Enter 键确认完成，见下图。如果按住 Shift 键拖曳控制点，可以任意比例缩放，会改变图像的宽高比。

（3）旋转

执行"自由变换"中的"旋转"命令，可旋转图像；将光标移动到控制框外靠近控制点处，光标变为 🔄 形状，按住鼠标左键并拖曳完成对图像的旋转操作，见下图。改变控制框中心控制点可以改变图像的旋转中心轴。

（2）扭曲

执行"扭曲"命令，将光标移动到控制框外侧的控制点上，光标变为 ▷ 形状，按住鼠标左键并拖曳可扭曲图像，同时按 Enter 键可改变图像的形状，见下图。

（3）透视

执行"透视"命令，将光标移动到控制框外侧的控制点上，光标变为 ▷ 形状，按住鼠标左键并拖曳可改变图像的透视方向，从而改变图像的形状，调整完成后按 Enter 键确认，见下图。

2. 图像变形

（1）斜切

执行"自由变换"中的"斜切"命令，可斜切图像；将光标移动到控制框外侧的控制点上，光标变为 ▷ 形状，按住鼠标左键并拖曳可斜切图像，同时按 Enter 键可改变图像的形状，见下图。如果变形效果不理想，可以按 Esc 键退出，重新操作。

（4）变形

执行"变形"命令，显示定界框，通过调节控制点、调节手柄和拖曳网格可以调整图形，调整完成后按 Enter 键可实现图像的变形，见下图。

3. 操控变形

操控变形用于改变图像的形状，实现多种特殊的效果。使用时要先选中修改的图层，在图像中想要改变的地方钉上图钉，然后通过拖曳图钉来改变图像的形状，调整完成后按 Enter 键确认，见下图。

在操控变形工具选项栏中可以调整网格设置，见下图。

模式：确定网格的整体弹性。

密度：确定网格点的间距。较多的网格点用于提高精度，但需要花费较多的时间，占用大量计算机内存；较少的网格点则相反。

扩展：扩展或收缩网格的外边缘。

显示网格：取消勾选此复选框只显示调整图钉，从而显示更清晰的变换预览。

4. 透视变形

在处理图像的过程中，图像中显示的某个对象可能与其在现实生活中的样子有所不同，这是由于透视扭曲造成的。例如，使用相机在不同距离和视角拍摄的同一对象的图像会呈现不同的透视扭曲。使用"透视变形"命令可以改变透视扭曲状态。

在调整透视前，必须在图像中定义结构的平面。在 Photoshop 中打开图像，执行"编辑 > 透视变形"命令，沿图像透视结构的平面绘制 2 个四边形，见下图。

单击透视变形工具选项栏的"变形"按钮，从版面模式切换到变形模式。按住鼠标左键并拖曳可调整图像的形状，见后图。

按 Enter 键可实现图像的变形，见下图。

3.3.2 内容识别填充

内容识别填充用于创造天衣无缝的填充效果。在图像中选择对象，可以使用"选择主体"、"对象选择工具"、"快速选择工具"或"魔棒工具"等，快速选择要删除的对象，见下图。

执行"编辑 > 内容识别填充"命令，弹出"内容识别填充设置"对话框，图像中绿显区域为取

样区，使用添加 ⊕ 或减去 ⊖ 图标添加或减去取样区，见下图。

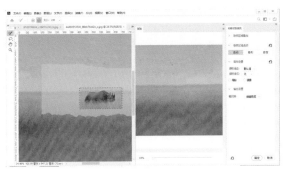

在预览区中观察填充效果，单击"确定"按钮即可完成填充，见下图。

作品欣赏

04 矢量和文字

Photoshop 的矢量功能用于绘制矢量轮廓，但与使用 Illustrator 绘制矢量图形是不一样的。同时，在文档中输入的文字也具有矢量功能。

任务名称： 电商主图

尺寸要求： 800 像素×800 像素

知识要点： 文字录入、使用钢笔工具绘制路径

本章难度： ★ ★ ☆ ☆ ☆

4.1 电商主图

难度 ●●○○○

重要 ●●●●●

①本案例产品为电商主图（包含一幅白底图）。

②主图要求为正方形，尺寸为800像素×800像素。

③由于终端是手机、计算机等电子设备，因此使用 RGB 颜色模式。

④最终存储并输出合适的文档格式。

 +  +

设计主图首图

01 按 Ctrl+N 快捷键，在弹出的对话框中设置文档名称为"主图1"，再设置尺寸、分辨率、颜色模式，得到一个新的文档，见右图。

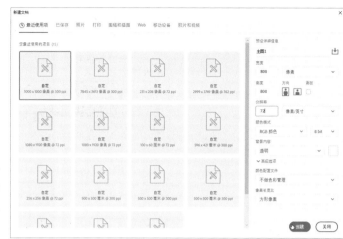

参数：宽度为800像素，高度为800像素，分辨率为72像素/英寸，RGB颜色模式，背景内容透明，其余默认。

02 按 Ctrl+O 快捷键，在相应文件夹中找到"W01"素材，打开该素材，按 Ctrl+A 快捷键全选图像，再按 Ctrl+C 快捷键复制图像，见下图。

03 切换到"主图1"文档，按 Ctrl+V 快捷键，图像被粘贴到新文档中；按 Ctrl+T 快捷键，适当调整图像大小和位置，然后按 Enter 键，见下图。

04 在工具箱中选择文字工具，在文档中单击，输入文字，见下图。

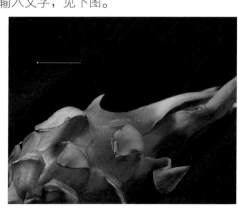

05 按 Ctrl+A 键，文字反白显示，见下图。

06 在文字工具选项栏中选择文字的字体、字号和颜色，见下图。

07 选择工具箱中的移动工具，将文字移动到合适位置，见下图。

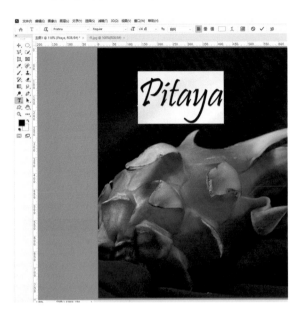

08 执行"文件 > 置入嵌入的对象"命令，在弹出的对话框中选择素材"f2"，单击"置入"按钮，见右图。

09 拖曳置入图像四周的定界框，适当缩小图像，并将其移动到合适位置，按 Enter 键，见右图。

10 在工具箱中选择文字工具，在文档中按住鼠标左键并拖曳，得到文本框，见右图。

11 在文字工具选项栏中选择文字的字体、字号和颜色，见右图。

12 输入第一段文字，然后按 Enter 键，再依次输入两段文字，选择工具箱中的移动工具，将文字移动到合适位置，见下图。

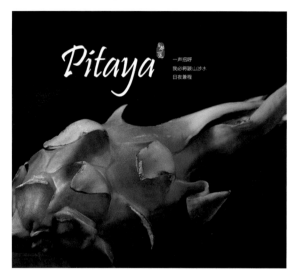

13 执行"文件 > 存储为"命令，在弹出的对话框中将"保存类型"设置为 PNG 格式，单击"保存"按钮，见下图，再在弹出的对话框中单击"确定"按钮。

设计白底图

14 按 Ctrl+N 快捷键，在弹出的对话框中设置文档名称为"白底图"，再设置尺寸、分辨率、颜色模式，得到一个新的文档，见右图。

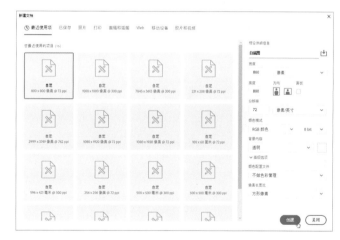

参数：宽度为800像素，高度为800像素，分辨率为72像素/英寸，RGB颜色模式，背景内容透明，其余默认。

15 执行"文件 > 置入嵌入的对象"命令，在弹出的对话框中选择素材"f3"，单击"置入"按钮，拖曳置入图像四周的定界框，适当缩小图像，并移动到合适位置，按 Enter 键，见右图。

16 选择工具箱中的钢笔工具，然后按 Caps Lock 键，光标变为 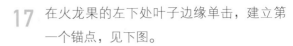，见下图。

17 在火龙果的左下处叶子边缘单击，建立第一个锚点，见下图。

18 顺着叶子边缘按住鼠标左键并拖曳，此时随着光标移动，出现锚点的控制线，控制线不能过长，否则初学者不好控制，见下图。

19 再次建立一个锚点，使锚点之间的路径与叶子边缘贴合即可，为了方便观察，可以随时缩放视图，见下图。

20 不断建立锚点，并控制路径始终与抠选对象贴齐，最终环绕对象一周，回到起点，在起点上单击，使路径形成闭合状态，见右图。

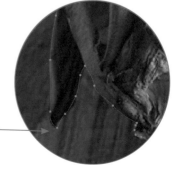

21　打开"路径"调板，可以看到绘制的路径
　　出现在调板中，并自动命名为工作路径，
见下图。

22　双击调板中的工作路径缩略图，弹出对话
　　框，单击"确定"按钮，见下图。

23　单击"路径"调板下方的图标 ⊙ ，文档中
　　的路径被转换为蚂蚁线，见下图。

24　执行"选择＞反选"命令，激活"图层"调板，
　　单击"图层"调板下方的图标 ⊞ ，建立一
个新的图层 1，见下图。

25　执行"编辑＞填充"命令，在弹出的对话
　　框中将"内容"设置为"白色"，单击"确
定"按钮，见下图。

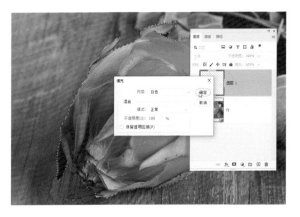

26　执行"文件＞存储为"命令，在弹出的对
　　话框中将"保存类型"设置为 JPEG 格式，
单击"保存"按钮，见下图，再在弹出的对话框
中单击"确定"按钮。

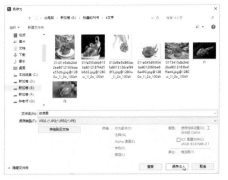

4.2 Photoshop中的文字

难度 ●●●○○
重要 ●●●○○

Keyword

在数字艺术设计作品中，使用 Photoshop 除了可以处理图像，还可以对文字进行设计与处理，即对文字进行输入、编辑、制作特效和排版等操作。Photoshop 可以胜任少量的文字处理工作，大量文字的设计最好使用其他软件。

4.2.1 创建文字

在 Photoshop 中用于创建文字的工具既不是画笔工具，也不是铅笔工具，而是文字工具。获取文字的方法大概有两种：一是直接在文档中输入文字；二是将第三方软件（如 Word）录入的文字复制到 Photoshop 文档中。文字以点文字和段落文字两种形式存在于文档中。文字操作的一般流程见下图。

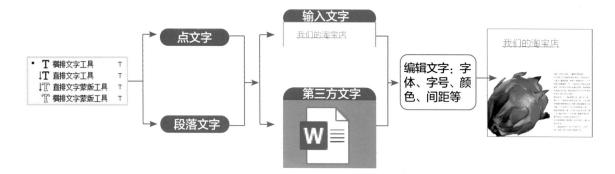

1. 文字工具组

文字工具组包含 4 个文字工具。横排文字工具用于创建横排的文字，直排文字工具用于创建竖排的文字，其余两个分别创建横排和竖排的文字蒙版或者选区，见下图。

当文档中没有创建任何选区时，激活需要先建立快速蒙版的图层，然后单击工具箱中下方的快速蒙版图标▣，图标变为▣，此时文档外观无变化，"图层"调板中的激活图层栏为红显，表示已经建立快速蒙版，当前处于快速蒙版编辑状态，此时对文档图像的任何操作都是在编辑该蒙版。

2. 文字工具选项栏

选择工具箱中的文字工具，在输入文字前，通过文字工具选项栏或"字符"调板可设置文字的属性，包括字体、字号、颜色等，见下图。

工具预设：将常用的文字样式存储到预设中，便于反复使用。

文字排列方向：设置文字的排列方向，单击该按钮将文字改为横排或竖排。

字体：改变文字的字体，在下拉列表中选择要使用的字体。

字体样式：设置字体的样式，不同的字体可能拥有不同的字体样式。

字号：设置文字的大小，直接输入数值来进行调整。

消除锯齿方式：为文字消除锯齿的选项。Photoshop 会通过部分填充边缘的像素来产生边缘平滑的文字，让文字的边缘混合到背景中而看不到边缘的锯齿。执行"图层 > 文字 > 消除锯齿方式为无"命令，也可以为文字消除锯齿。

对齐方式：设置多行文本的对齐方式，包括左对齐文本、居中对齐文本和右对齐文本。

颜色：单击颜色色块，在弹出的"选择文本颜色"对话框中选择要设置的文本颜色。

文字变形：创建变形的文字。单击此按钮弹出"变形文字"对话框，为文字添加变形样式，创建变形的文字；如需取消变形样式，在"样式"下拉列表中选择"无"选项即可，见下图。

"水平"和"垂直"用于设置变形效果的方向；
"弯曲"指定对图层应用变形的程度；
"水平扭曲"或"垂直扭曲"对变形应用透视

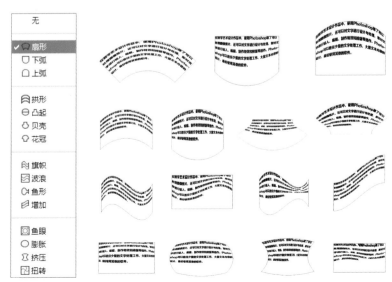

3. 创建点文字

点文字是一个水平或垂直的文本行。在输入点文字时，每行文字都是独立的一行，长度随着编辑增加或缩短，但不会自动换行；如需换行，要按 Enter 键。

点文字的创建方法是，选择横排文字工具，在文档中单击，文档中出现闪烁输入点，此时输入文字或者粘贴文字即可，见下图。

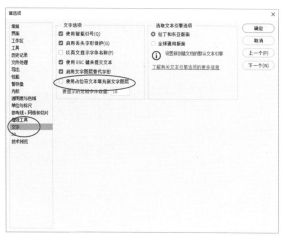

Tips

创建文字时，如果不需要出现填充的假字，在"首选项"对话框中，取消勾选"使用占位符文本填充新文字图层"复选框，见下图。

动换行。可以输入多个段落并选择"段落调整"选项，也可以将文字在矩形定界框内重新排列或使用矩形定界框来旋转、缩放和斜切文字。

选择横排文字工具，在文档中按住鼠标左键并拖曳，在文档中创建一个矩形定界框，见下图。

当闪烁的光标出现在建好的矩形定界框中时，可以输入文字，文字在到达定界框的界定位置时会自动换行，见下图。

Tips

创建的文字会自动生成新的文字图层。如需输入新文字，可单击工具箱中的任意工具（如移动工具），再选择文字工具，创建新文字到新图层中。

4. 创建段落文字

大段的需要换行或分段的文字称为段落文字。在输入段落文字时，文字基于外框的尺寸自

5. 创建路径文字

路径文字是指在路径上输入的文字。选择文字工具之后，在路径上单击，创建输入点，输入

文字即可，文字沿路径形状排列。当修改路径的形状时，文字也会随路径形状的改变而改变流向，见下图。

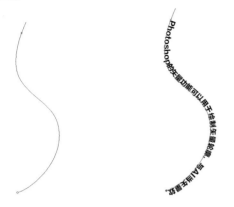

6. 创建选区文字

选择横排文字蒙版工具或直排文字蒙版工具，在文档中按住鼠标左键并拖曳出输入框，输出文字，然后选择移动工具，文档中出现选区文字，见下图。

4.2.2 编辑文字

输入文字之后，需要对文字的属性进行设置和编辑，如调整字体、字号、颜色等。通过文字工具选项栏、"字符"调板和"段落"调板都可以对文字进行设置和编辑。

1. 设置字符属性

（1）"字符"调板

"字符"调板用于设置字符的基本属性，如字体、字号等。执行"窗口 > 字符"命令，弹出"字符"调板，见下图。

（2）字体

字体是由一组具有相同粗细、宽度和样式的字符（如字母、数字和符号）构成的完整集合。设置字体时，在 Photoshop 中使用横排文字工具选中需要设置的文字，然后在"字符"调板中选择相应的字体，见下图。

（3）字号

字号是指印刷用字的大小，即从字背到字腹的距离。通常所用的字号单位分为点数制和号数制两种。

选择工具箱中的横排文字工具，选中图像中的文字，打开"字符"调板，在"大小"下拉列表中选择需要的字号，或者直接输入字号值，见下图。

（4）行距

相邻行文字之间的垂直间距称为行距。行距是通过测量一行文本的基线到上一行文本基线的距离得出的。在"字符"调板的"行距"中通常显示默认行距值，行距值显示在圆括号中，也可删除默认行距值而根据需要自行设置，见下图。

（5）字间距微调

字间距也称为字符间距，是指相邻字符之间的距离。在 Photoshop 中，字间距的默认值为 0，调整其数值的大小可以改变字符之间的距离；在字符之间单击，建立输入点，然后选择"字符"调板中的字符调整参数即可，见下图。

Tips

使用快捷键可以快速微调字间距，按住Alt键并按左、右方向键，可调小或调大两个字符之间的间距，见下图。

（6）字间距调整

可以调整多个字符之间的距离，方法是黑选文字，然后选择"字符"调板中的字符调整参数即可，见下图。

（7）比例间距

按比例调整所选文字字符之间的间距，与字间距调整相似。

（8）垂直缩放和水平缩放

字体缩放分为水平缩放和垂直缩放两种，调整文字的缩放比例可以对文字的宽度和高度进行挤压或扩展，见下图。

（9）基线偏移

通过调板可以调整文字偏移基线的距离，黑选文字后，设置参数即可，见下图。

（10）设置颜色

黑选文字后，单击颜色色块图标，在弹出的"拾色器（文本颜色）"对话框中选取颜色，文字颜色会发生改变，见下图。

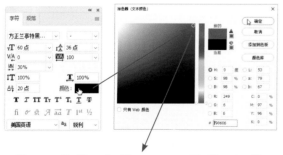

（11）其他设置

在"字符"调板中还可以对文字进行更多的设置，如加粗、下画线、上标、下标等，见下图。

2. 设置段落属性

使用"段落"调板可以设置文字的段落属性，如对齐方式、缩进等。

执行"窗口 > 段落"命令，弹出"段落"调板，见下图。

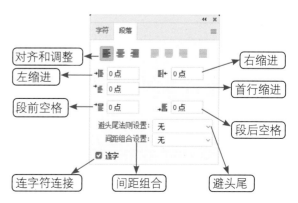

97

（1）对齐

在"段落"调板中可设置不同的段落排列方式，包括文字的左、居中或右对齐等，见下图。

左对齐：将文字左端对齐，段落右端参差不齐。

居中对齐：将文字居中对齐，段落两端参差不齐。

右对齐：将文字右端对齐，段落左端参差不齐。

最后一行左对齐：对齐除最后一行外的所有行，最后一行左对齐。

最后一行居中对齐：对齐除最后一行外的所有行，最后一行居中对齐。

最后一行右对齐：对齐除最后一行外的所有行，最后一行右对齐。

全部对齐：对齐包括最后一行的所有行，最后一行强制两端对齐。

🖑Tips

直排文字的对齐方式名称稍有不同，但基本设置内容是一致的，见下图。

（2）缩进

段落缩进用来指定文字与文字块边框之间或与包含该文字的行之间的间距量。缩进只影响选定的一个或多个段落，因此可以很容易地为不同的段落设置不同的缩进。

左缩进：从段落的左边缩进。对直排文字，控制从段落顶端的缩进，见下图。

右缩进：从段落的右边缩进。对直排文字，控制从段落底部的缩进。

首行缩进：缩进段落中的首行文字，见后图。对横排文字，首行缩进与左缩进有关；对直排文字，首行缩进与顶端缩进有关。要创建首行悬挂缩进，可输入一个负值。

（3）段前空格和段后空格

段前空格用于设置段落的第一行与上一段落的行间距，见下图。

段后空格用于设置段落的末行与下一段落的行间距，见下图。

（4）自动调整连字

选取的连字符连接设置将影响各行的水平间距和文字在页面上的美感。连字符连接选项确定是否可用连字符连接字，如果能，还要确定允许使用的分隔符。

使用自动连字符连接的相关操作有：启用或停用自动连字符连接，需在"段落"调板中勾选或取消勾选"连字符连接"复选框；对特定段落

应用连字符连接，则只选择要影响的段落；选取连字符连接词典，需从"字符"调板底部的"语言"弹出菜单中选择一种语言；若要指定选项，则从"段落"调板菜单中选择"连字符连接"选项，然后可以指定相关选项，见下图。

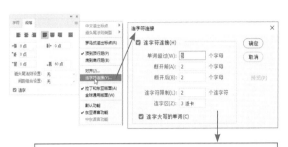

单词超过__个字母：指定用连字符连接的单词的最少字符数。

断开前__个字母和断开后__个字母：指定可被连字符分隔的单词开头或结尾处的最少字符数。例如，指定3时，aromatic 将被断为 aro-matic，而不是 ar- omatic 或 aromat- ic。

连字符限制__个连字符：指定可用连字符连接的最多连续行数。

连字区从段落右边缘指定一定边距，划分出文字行中不允许进行连字的部分。为0时允许所有连字。此选项只有在使用"Adobe 单行书写器"时才可使用。

连字大写的单词：取消勾选可防止用连字符连接大写的单词。

Tips

连字符连接设置仅适用于罗马字符；中文、日语、朝鲜语字体的双字节字符不受这些设置的影响。

（5）避头尾和间距组合

避头尾指定亚洲文本的换行方式。不能出现在一行的开头或结尾的字符称为避头尾字符。Photoshop 提供了基于日本行业标准 (JIS) X 4051-1995 的宽松和严格的避头尾集。宽松的避头尾设置忽略长元音字符和小平假名字符。

间距组合为日语字符、罗马字符、标点、

特殊字符、行开头、行结尾和数字的间距指定日语文本编排。Photoshop 包括基于日本行业标准(JIS) X 4051-1995 的若干预定义间距组合集。

3. 字符样式和段落样式

对多个拥有同样属性的字符或者段落，使用样式进行编辑和设置可以提高工作效率。"字符样式"和"段落样式"调板用于设置、存储和应用样式。执行"窗口>字符样式"命令可以调用"字符样式"调板；执行"窗口>段落样式"命令可以调用"段落样式"调板，见下图。

(1)字符样式

应用字符样式可以快速将段落中的某些字符属性设置为一致。

首先需要建立一个字符样式，在"字符样式"调板菜单中，执行"新建字符样式"命令；或直接单击"字符样式"调板下方的新建图标 ⊞，见下图。

新建的字符样式出现在调板中，并自动命名为字符样式 1，双击"字符样式 1"，弹出"字符样式选项"对话框，在对话框中可以设置字符的字体、字号、颜色等属性，设置完成后单击"确

定"按钮即可，见下图。

接着可以将样式应用到字符上，黑选文字，在"字符样式"调板中单击设置好的字符样式，文字属性被改变，见下图。

在应用样式时，如果在字符样式名称后出现图标 ＋，可以单击调板下方的清除覆盖图标 ↺，见下图。

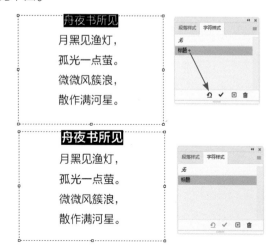

如需删除字符样式，先选中该样式，再单击删除图标🗑即可，见下图。

（2）段落样式

应用段落样式可以快速将段落属性设置为一致。

首先需要建立一个段落样式，在"段落样式"调板菜单中，执行"新建段落样式"命令；或直接单击"段落样式"调板下方的新建图标⊞，见下图。

新建的段落样式出现在调板中，并自动命名为段落样式1，双击"段落样式1"，弹出"段落样式选项"对话框，在对话框中可以设置段落的字体、字号、颜色、行间距等属性，设置完成后单击"确定"按钮即可，见下图。

接着可以将样式应用到段落上，在段落文本上单击建立输入点，在"段落样式"调板中单击

设置好的段落样式，段落属性被改变，见下图。

在应用样式时，如果在段落样式名称后出现图标➕，可以单击调板下方的清除覆盖图标↩。如需删除段落样式，先选中该样式，再单击删除图标🗑即可。

Tips

字符样式可被嵌套到段落样式中，即一个段落设置了段落样式，段落中的某些字符依然可被应用字符样式，见下图。

4.2.3 转换文字

在 Photoshop 中，创建文字图层后可以将文字转换成普通层再进行编辑，也可以将文字图层转换成形状图层或生成路径。转换后的文字图层可以像普通层一样进行移动、重新排列、复制等操作，还可以设置各种滤镜效果。

1. 文字图层转换为普通层

创建的文字会自动生成一个文字图层，文字图层中的文字保留了矢量性和所有的文字属性，如字体、字号、行间距等。由于文字图层保留了这些属性，因此一些工具和功能不能被应用到此类图层上，如画笔工具、颜色调整、滤镜等。若栅格化文字图层，可以将其转换为普通层。

执行"图层 > 栅格化 > 文字"命令，将其转换为普通的像素图层，此时图层上的文字完全变成了像素信息，不能再进行文字编辑，但可以执行所有针对图像的命令，见下图。

2. 文字图层转换为形状图层

执行"文字 > 转换为形状"命令，可以将文字转换为与其路径轮廓相同的形状，对应的文字图层也转换为与文字路径轮廓相同的形状图层，见下图。

3. 文字图层转换为生成路径

执行"文字 > 创建工作路径"命令，文字上有路径显示，在"路径"调板中可看到由文字图层得到的与文字外形相同的工作路径，见下图。

4.2.4 文字常见问题

在设计工作中，文字是常用的功能之一，使用文字时，可能会碰到某些问题，如字体缺失、如何选中文字等。

1. 字体缺失

打开文档时，文档有可能会弹出警告对话框，警告字体缺失。对缺失的字体，可以安装该字体后重新打开；也可以直接在对话框中选择应用别的字体；还可以不解决，先打开文档，缺失字体的文字图层缩略图会出现警告图标 ![!]，见下图。

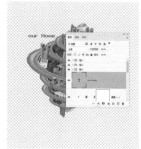

2. 选中文字

选中文字的方法有很多种。使用文字工具在文字上按住鼠标左键并拖曳，拖曳的文字会出现黑框白显（本书称为黑选）；使用文字工具双击段落中的文字可以选中两个罗马字符之间的所有文字，三击可以选中一行文字，四击可以选中段落所有文字。

双击文字图层缩略图可以将图层中所有文字选中，见下图。属于不同图层的文字，不能被一次性选中。

4.3 路径与矢量工具

难度 ●●●●○

重要 ●●●●●

Keyword

在 Photoshop 中，可以使用形状工具、钢笔工具或自由钢笔工具来创建矢量形状和路径。在 Photoshop 中必须从工具选项栏中选择绘图模式才可以绘图。选择的绘图模式将决定是在自身图层上创建矢量形状，还是在现有图层上创建工作路径，或是在现有图层上创建栅格化形状。

4.3.1 钢笔工具和路径

1. 钢笔工具

钢笔工具是 Photoshop 最重要的工具之一，Adobe 系列平面软件都有钢笔工具。Photoshop 中使用钢笔工具绘制路径，绘制好的路径主要用于描边、填充、蒙版、输出和抠图，见下图。

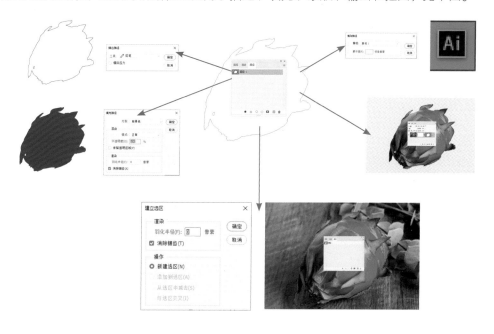

2. 路径

路径和锚点是组成矢量图形的基本元素。路径由一个或多个直线段或曲线段组成。锚点分为平滑点和角点两种，用来连接路径，见右图。路径上的锚点有方向线，方向线的端点为方向点，用来调节路径曲线的方向。

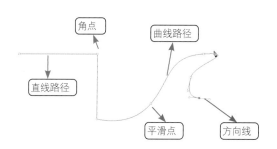

(1)锚点

路径上有一些矩形的小点,这些点称为锚点。锚点标记路径上线段的端点,通过调整锚点的位置和形态可以对路径进行各种变形调整操作。

(2)平滑点和角点

路径上的锚点分为平滑点和角点两种。平滑点两侧的曲线是平滑过渡的,而角点两侧的曲线或直线在交点处产生一个相对于平滑曲线来说比较尖锐的角。

(3)方向线和方向点

当平滑点被选择时,它的两侧各显示一条方向线,方向线顶点为方向点,移动方向点的位置可以调整平滑点两侧的曲线形态。

> **Tips**
>
> 路径是矢量对象,不包含像素,因此没有描边或填充的路径,在打印时不能被打印出来。

4.3.2 绘制路径

下面详细介绍使用路径抠图过程中的技巧,以及常见的问题。

1. 钢笔工具和选项栏

钢笔工具是 Photoshop 中默认的路径绘制工具。使用钢笔工具绘制的线条轮廓清晰、准确,只要将路径转换成选区,就可以准确地选择对象。

Photoshop 的钢笔工具组包含三个绘制工具:钢笔工具、自由钢笔工具、弯度钢笔工具。三个钢笔工具的选项栏基本一致,仅有少许差异,见下图。

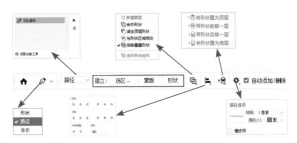

工具预设:定义和应用预设,可以方便快捷地设置对象。

形状:选择该选项,表示当前绘制的是形状图层。可以使用形状工具或钢笔工具来创建形状图层。因为可以方便地移动、对齐、分布形状图层及调整其大小,所以形状图层非常适合为 Web 页面创建图形。在一个图层上可以绘制多个形状。形状图层包含定义形状颜色的填充图层和定义形状轮廓的链接矢量蒙版。形状轮廓是路径,出现在"路径"调板中。

路径:选择该选项,表示当前绘制的是工作路径。没有存储该工作路径之前,它是一个临时路径并放在"路径"调板中。

像素:选中形状工具才能激活该选项,在此模式中创建的形状是栅格图像,不是矢量图形,可以像处理任何栅格图像一样来处理绘制的形状。

建立:将路径转换为选区、蒙版和形状图层。

路径运算方式:用于路径间的形状运算,包括合并形状、减去顶层形状及与形状区域相交等,使用默认选项即可。

对齐方式:用于路径的对齐,包括左对齐、居中对齐、右对齐等。

路径排列顺序:用于不同路径的层次排列顺序,包括将形状置为顶层、将形状前移一层,将形状后移一层及将形状置为底层。

设置:在此可设置路径的外观,如颜色、粗细等。

自动添加 / 删除:勾选此复选框可在单击线段时添加锚点或删除锚点。

（1）绘制直线路径

选择钢笔工具，选择钢笔工具选项栏中的"路径"选项，将光标移动到工作区中单击，创建第一个锚点；移动光标到下一个位置单击，创建第二个锚点，两个锚点连成一条直线，这样即创建一条开放路径，见下图。

（2）绘制曲线路径

选择钢笔工具，选择钢笔工具选项栏中的"路径"选项，将光标移动到工作区中，按住鼠标左键并拖曳，得到一个带方向线的锚点；移动光标到合适位置，拖曳鼠标创建下一个锚点，在拖曳的过程中可以调节方向线的长度和方向，见下图。在调整锚点方向线的长度和方向时，会影响后续路径的方向，因此一定要控制好锚点的方向线。

2. 路径抠图三个要点

（1）找到合适的第一点

在使用路径创建选区时，需要放大视图，使绘制质量更高，因为放大视图可以保证在对象的边缘取点。为了建立高质量的路径，通常第一点选在对象的拐角处，而不是直线处或平滑的曲线处，见后图红圈处。

（2）合理调整方向线

一个曲线段是由两个方向线控制形状的。当拖曳锚点的方向线时，需要考虑下一个锚点的位置和走向，如果方向线的长度不合适，可能绘制不出贴齐对象边缘的路径，见下图。

在"钢笔工具"状态下，按住 Ctrl 键并拖曳一个方向点，可以单独调整相应方向线的长度和方向，锚点另一侧的方向线不发生任何改变，见下图。

（3）形成闭合路径

抠选图像最好要形成闭合路径，这样可以抠选得更贴齐对象边缘，见下图。

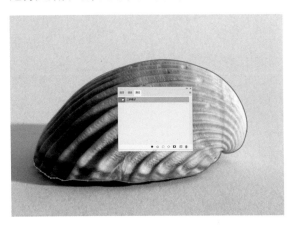

4.3.3 编辑路径

在创建路径的过程中，可能会出现一些不准确的地方，此时需要对路径进行修改，可以通过对路径和锚点的编辑完成。

1. 选择路径

选择路径组件或路径将显示选中部分的所有锚点，包括全部的方向线和方向点（若选中曲线段）。方向点显示为实心圆；选中的锚点显示为

实心方形，而未选中的锚点显示为空心方形。

要选择路径组件（包括形状图层中的形状），可先选择路径选择工具，再单击路径组件中的任何位置。若路径由几个路径组件组成，则只有指针所指的路径组件被选中，见下图。

如需选中多个组件，可按住 Shift 键并在多个组件上单击；或者选择路径选择工具在文档中按住鼠标左键并拖曳，被光标扫中的组件都将被框选，见下图。

2. 移动路径

选择工具箱中的路径选择工具，选择已创建的路径，按住鼠标左键并拖曳或者使用键盘上的方向键，都可以移动路径，见下图。

3. 添加与删除锚点

在路径中添加或者删除锚点可以更好地控制

路径的绘制，工具箱包含用于添加或删除锚点的工具：添加锚点工具和删除锚点工具。

默认情况下，将钢笔工具定位到所选路径上方，它会变成添加锚点工具，单击即可添加；将钢笔工具定位到锚点上方，它会变成删除锚点工具，单击即可删除。

Tips

在Photoshop中，必须在钢笔工具选项栏中勾选"自动添加/删除"复选框，以使钢笔工具自动变为添加锚点工具或删除锚点工具。

选择添加锚点工具，将光标定位到路径的上方，光标变为🖊₊，单击即可添加锚点；选择删除锚点工具，将光标定位到锚点上，光标变为🖊₋，单击即可删除锚点，见下图。

4. 转换锚点类型

转换点工具 ⊾ 用于角点和平滑点之间的转换。选择要修改的路径，然后选择工具箱中的转换点工具，将光标移动到需要编辑的锚点上，光标变为⊾，单击，路径发生变化，见下图。

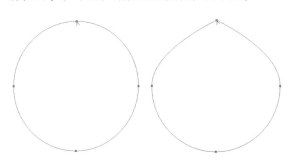

Tips

使用钢笔工具，按住Alt键单击，可以将平滑点转换成角点。

将转换点工具放置在要转换的锚点上方，按住鼠标左键向角点外拖曳，使方向线出现，可以将角点转换成平滑点，见下图。

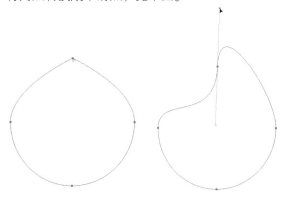

要将没有方向线的角点转换为具有独立方向线的角点，可先将方向点拖曳出角点（成为具有方向线的平滑点），松开鼠标左键后拖曳任一方向点即可。要将平滑点转换成具有独立方向线的角点，可单击任一方向点，见下图。

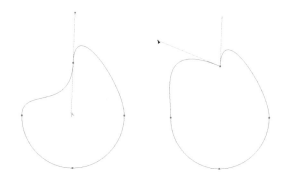

4.3.4 管理路径

当使用钢笔工具或形状工具创建工作路径时，新的路径以工作路径的形式出现在"路径"

调板中。工作路径是临时的，必须及时存储以免丢失其内容。如果没有存储便取消选择工作路径，当再次开始绘制时，新的路径就将取代现有路径。

1. "路径"调板

"路径"调板用于保存和管理路径。"路径"调板列出了存储的每条路径、当前工作路径和当前矢量蒙版的名称和缩略图，见下图。

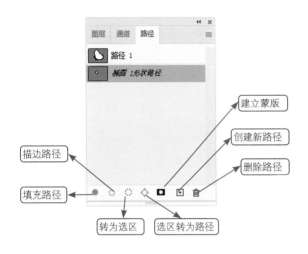

2. 新建路径

在"路径"调板中，单击右下角的 🖽 图标创建新的路径图层，见下图。按住 Alt 键单击 🖽 图标，可以在弹出的"新建路径"对话框中修改路径的名称，见下图。

3. 填充路径

使用钢笔工具创建的路径只有经过描边或填充处理后，才会成为图像。填充路径是指使用指定的颜色、图像状态、图案或填充图层来填充包含像素的路径，见后图。

4.3.5 输出路径

用路径抠取的对象通常用来制作剪贴路径再置入矢量或者排版软件中。剪贴路径可以让对象从背景中分离出来，置入排版软件后，剪贴路径外的对象均不显示。

在"路径"调板中单击路径栏，然后在调板菜单中执行"剪贴路径"命令，见下图。

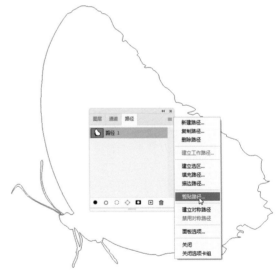

在弹出的"剪贴路径"对话框中设置路径名称和展平度。展平度数值越小，路径越精细，可以设置为 0.1 或者 0.2，也可不输入数字，见下图。

"路径"调板中的路径名称变为粗体显示，表示设置了剪贴路径，存储文档即可，见下图。

在其他软件如 InDesign 软件中，将该文档置入页面中，见下图。

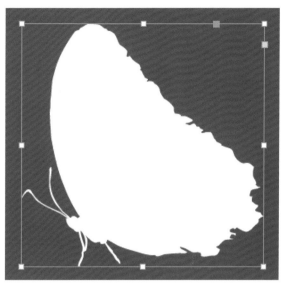

Tips

可以将路径直接输出为Illustrator可使用的文档，执行"文件>导出>路径到Illustrator"命令，在弹出的对话框中选择一个路径，单击"确定"按钮，见下图。

在弹出的对话框中，设置文档名称、保存类型等，见下图。

作品欣赏

05 图层应用

图层、蒙版、通道是学习 Photoshop 的必经之路。学习图层知识应该先掌握简单的图层基本操作，然后学习图层样式，最后学习图层混合模式。

图层有三大用处：

- 存储各种图像和特效；
- 存储各图层图像轮廓的选区；
- 图层之间的特效拼合。

任务名称： 图书封面设计

尺寸要求： 213mm×256mm

知识要点： 图层基础知识、图层样式、图层混合模式

本章难度： ★ ★ ★ ★ ★

5.1 图书封面

难度 ●●●●●
重要 ●●●●●

案例剖析

①本案例为图书设计封面，新建文档时设置分辨率为 300 像素 / 英寸。

②创意和绘制草图，根据需要寻找或者拍摄所需素材，所选的素材应透视一致，视平线合理。

③将素材在软件中抠选合成，其中需要使用蒙版让合成效果更精细，对图像进行调色，使图像色彩和光影更协调统一。

④存储并输出合适的文档格式。

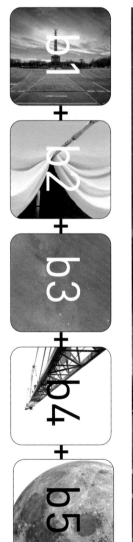

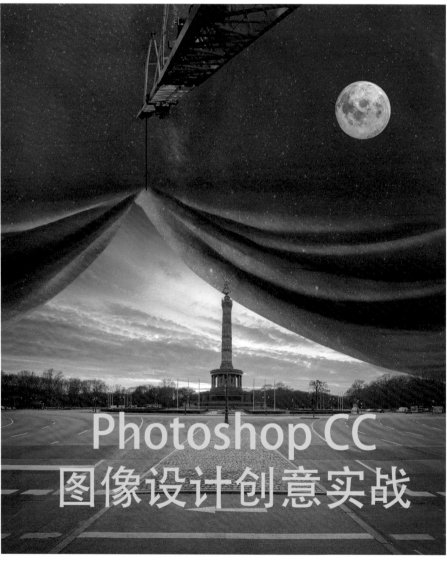

01 在 Photoshop 中按 Ctrl+N 快捷键，在弹出的对话框中设置文档名称为 SF，再设置尺寸、分辨率、颜色模式，单击"创建"按钮，得到一个新的文档，见右图。

参数：宽度为213毫米，高度为256毫米，分辨率为300像素/英寸，RGB颜色模式，背景内容透明，其余默认。

02 按 Ctrl+O 快捷键，在相应文件夹中找到"b1"素材，打开该素材，按 Ctrl+A 快捷键全选图像，再按 Ctrl+C 快捷键复制图像，见下图。

03 切换到"SF"文档，按 Ctrl+V 快捷键粘贴图像，然后使用移动工具将图像下移贴齐文档底边，见右图。

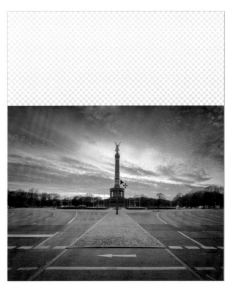

04 按 Ctrl+O 快捷键，打开"b2"素材，使用钢笔工具抠选图像，按Ctrl+Enter快捷键将其转换为选区，再按 Ctrl+C 快捷键复制图像，见下图。

05 切换到"SF"文档，按 Ctrl+V 快捷键粘贴图像，见右图。

113

06 　按 Ctrl+T 快捷键，在图像四周出现自由变
　　换定界框，然后按住 Shift 键并拖曳定界框，
使图像水平拉伸，该图像覆盖文档的上半部分，
按 Enter 键，见下图。

07 　使用移动工具调整图像的位置，直到白布
　　能够完全遮挡住底图的天空为止，然后使
用橡皮图章工具将竹竿清除，见下图。

08 　关闭图层 3 的眼睛图标，窗口中完全显示
　　图层 2 的图像，见下图。

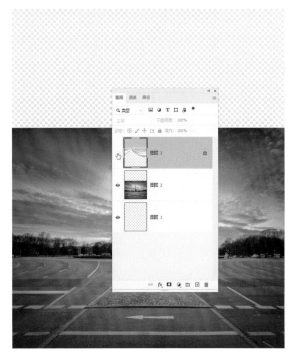

09 　执行"选择 > 色彩范围"命令，在弹出的
　　对话框中设置"颜色容差"为 166，然后
将吸管移动到右侧树枝旁天空的位置，单击吸取
颜色，再单击"确定"按钮，见下图。

10　文档中出现蚂蚁线，单击打开"图层"调板中图层 3 的眼睛图标，然后单击创建蒙版图标，图层 3 中大量像素被隐藏，见下图。

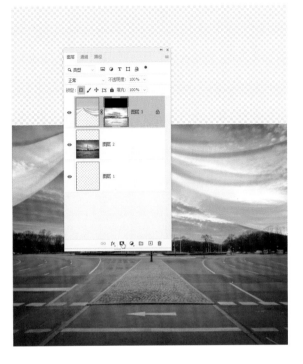

11　使用白色画笔工具，在图层 3 的蒙版上反复涂抹，使被隐藏的图像重新呈现，仅保留图层 3 右下与背景相交处，见下图。

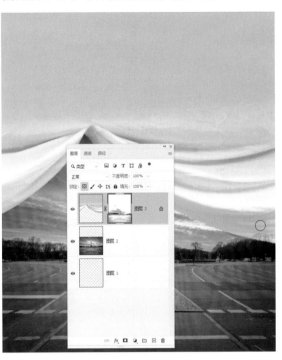

12　将图层 3 的"不透明度"设置为 40%，见下图。

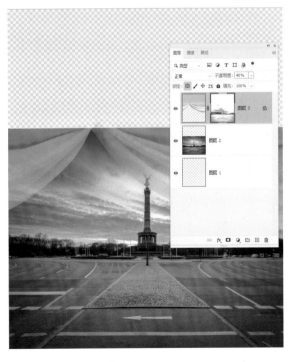

13　使用钢笔工具抠选图像，见下图。

14 按 Ctrl+Enter 快捷键，载入该路径的选区，蚂蚁线出现在文档中，然后将图层 3 的"不透明度"设置为 100%，见下图。

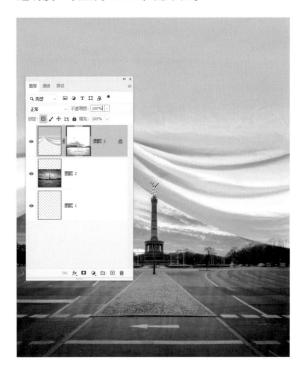

15 确认图层 3 蒙版处于激活状态，使用黑色画笔工具在选区涂抹，直到选区中的柱子完全显示在文档中，见下图。

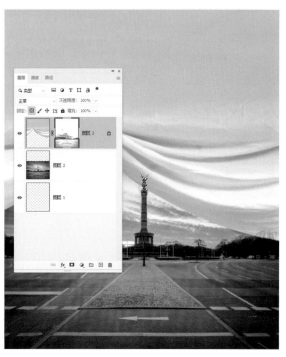

16 按 Ctrl+O 快捷键，打开"b3"素材，按 Ctrl+A 快捷键全选图像，再按 Ctrl+C 快捷键复制图像，见下图。

17 切换到"SF"文档，按 Ctrl+V 快捷键粘贴图像，窗口中出现星空图像，见下图。

18 按 Ctrl+T 快捷键，然后按住 Shift 键并拖曳定界框，使图像不等比拉伸，再移动图像到合适位置，直至星空图像完全遮挡住白布，按 Enter 键，见下图。

19 按住 Ctrl 键，将光标移动到图层 3 和图层 4 之间，光标变为剪贴蒙版光标 ↓□，单击鼠标左键，两个图层形成剪贴蒙版，见下图。

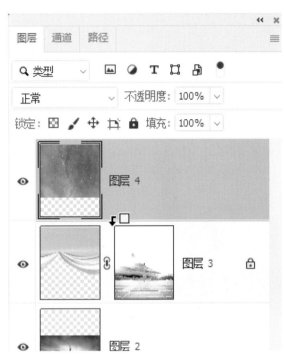

20 将图层 4 的混合模式设置为"正片叠底"，见下图。

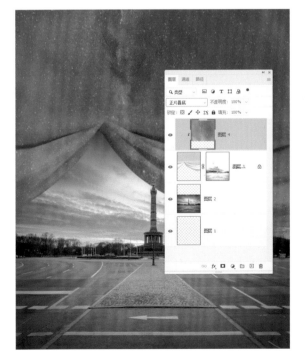

21 复制图层 4，得到图层 4 拷贝，将图层 4 拷贝的混合模式设置为"差值"，见下图。

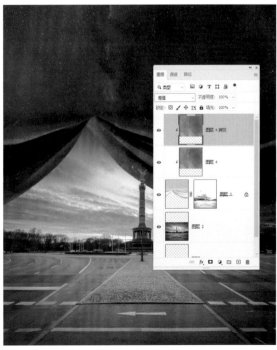

22 按 Ctrl+O 快捷键，打开"b4"素材，按 Ctrl+A 快捷键全选图像，再按 Ctrl+C 快捷键复制图像，见下图。

23 切换到文档 SF，按 Ctrl+V 快捷键粘贴图像，将图像移动到窗口上方的合适位置，见下图。

24 单击"图层"调板中的创建调整图层图标，选择色阶，在弹出的"属性"调板中设置参数，并单击剪贴蒙版图标，见下图。

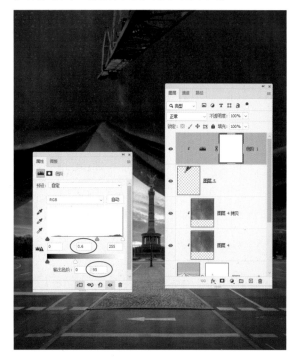

25 激活图层 4 拷贝，然后单击"图层"调板中的创建调整图层图标，选择亮度 / 对比度，在弹出的"属性"调板中设置参数，并单击剪贴蒙版图标，见下图。

26　按 Ctrl+I 快捷键，使用白色画笔工具，在图层 4 拷贝蒙版的布褶皱凸起处涂抹，见下图。

27　激活图层 5，使用铅笔工具在对应位置绘制一条黑色线段，使吊塔与布相连，见下图。

28　激活色阶 1 图层，将"b5"素材复制到 SF 文档中，并调整其大小和位置，见下图。

29　检查完成的图像，进一步微调，然后将图像颜色模式转换为 CMYK，输入文字，设计完成，见下图。

5.2 图层

难度 ●●●●●

重要 ●●●●●

Keyword

图层是 Photoshop 非常重要的功能。图层就像一张张叠放在一起的透明纸，在每张纸上放置不同的图案，图案区域可以遮挡下层图像，透明区域则可以显示下层图像。设计师需要修改某一个图案，可以激活放置该图案的图层，这样的编辑动作不会影响到其他图层上的图案。

5.2.1 图层基础知识

1. 认识"图层"调板和图层类型

通常在"图层"菜单和"图层"调板中对图层进行操作，如新建图层、删除图层、选择图层、合并图层等。读者需要认识各种图层的称谓和基本的操作命令。

"图层"调板是用来存储和管理图层的调板，所有图层都按顺序一栏栏地堆砌在该调板中，"图层"调板中还分布着针对图层进行操作的命令，使用这些命令可以对图层进行一系列操作。

未经编辑的图像文档在"图层"调板中都会有一个默认的背景层，当不断地复制图像到文档中时，"图层"调板会随时依次生成新图层，随着设计师对图像进行复杂的操作，"图层"调板中会出现各种不同类型的图层，如背景层、普通层、文字图层、智能对象图层、图层组、调整图层、形状图层等。

📑 Tips

"图层"菜单包含对图层的操作命令，如新建、图层蒙版、图层编组和拼合图像等，见左图。

📑 Tips

图层调板中的各类图层和功能按钮、图标见右图。

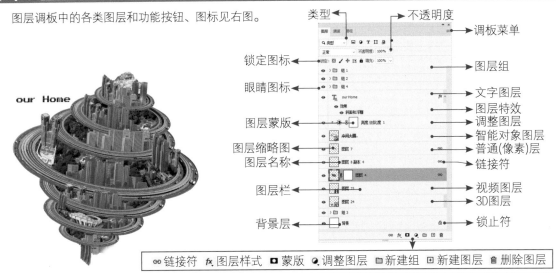

类型 不透明度 调板菜单

锁定图标 图层组
眼睛图标 文字图层
图层特效
图层蒙版 调整图层
智能对象图层
图层缩略图 普通(像素)层
图层名称 链接符
视频图层
图层栏 3D图层
背景层 锁止符

⊖⊖链接符 *fx* 图层样式 ▣ 蒙版 ◕ 调整图层 ▢ 新建组 ⊞ 新建图层 🗑 删除图层

"图层"调板中每个类型图层的作用和适用范围都不一样。

背景层是最基本的图层类型。背景层的很多操作被限制（如不能建立图层蒙版），一个图像文档只能有一个背景层，背景层永远被放置在调板的最下栏。默认情况下，背景层是被锁定的，单击背景层栏的锁止符，可以将背景层转换为普通层，并自动命名为图层 0，见下图。

普通层是最常用的图层类型之一。普通层上没有图案的地方将显示为透明，大多数工具和命令都能作用在普通层上，普通层可以加挂图层蒙版，见下图。

文字图层只用来放置文字。使用文字工具在文档中输入文字将自动建立文字图层，文字图层的文字具有矢量性，即任意缩放图层中的文字不会出现虚化现象，因此，很多工具和命令不能作用在该图层上。默认情况下，文字图层的缩略图显示为字母 T，图层中输入的文字将作为图层名称，见下图。

由于文字图层包含文字属性，如字体、字号，因此文字图层的字体、字号是可以编辑修改的。文字图层可以转换为普通层，在文字图层栏名称处右击，在快捷菜单中执行"栅格化文字"命令，即可转换，见下图。

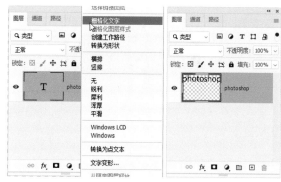

Tips

3D图层是用来存储和管理3D图像的图层，执行"3D>从文件新建3D图层"命令，导入3D格式的文档以获得3D图层；执行"3D>从所选图层新建3D模型"命令，将普通层转换为3D图层，见右图。

选中3D图层，在图层栏名称处右击，执行"转换为智能对象"命令可将3D图层转换为智能对象图层，执行"栅格化3D"命令可以转换为普通层，见右图。

智能对象图层用于存储智能对象图像，智能对象是包含栅格图像或矢量图形中图像数据的图层。智能对象将保留图像的源内容及其所有原始特性，因此可以对图层执行非破坏性编辑。

智能对象的 6 大优点如下。

①执行非破坏性变换，可以对图层进行缩放、旋转、斜切、扭曲、透视变换或使图层变形操作，而不会丢失原始图像数据或降低品质。

②智能对象图层与普通层可以相互转换。

③非破坏性应用滤镜，可以随时编辑应用于智能对象的滤镜。

④编辑一个智能对象并自动更新其所有的链接实例。

⑤应用智能对象的图层蒙版。

⑥使用分辨率较低的占位符图像尝试各种设计，以提高计算机运算速度（以后可将其替换为最终图像）。

在 Photoshop 中，可以将图像的内容嵌入文档中，执行"文件 > 置入嵌入的对象"命令，在弹出的对话框中找到需要置入的图像，图像被置入文档中并成为智能对象，可以看到图层缩略图上出现图标，此时图像四周出现自由变换定界框，如无须缩放或旋转图像，按 Enter 键即可，见下图。

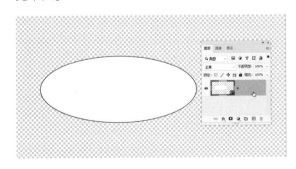

此时若双击图层栏中的缩略图，会调用该智能对象的原始图像，对原始图像进行编辑后（如原始图像是使用 Illustrator 绘制的，在 Illustrator 中调整颜色和形状），存储图像，可以看到该智能对象图像也随之改变，见下图。

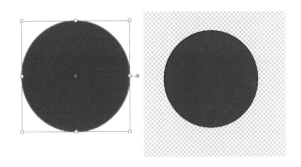

还可以创建内容引自外部图像文件的链接智能对象，当源图像文件发生更改时，链接智能对象的内容也会随之更新。执行"文件 > 置入链接的智能对象"命令，在弹出的对话框中找到需要置入的 AI 格式图像，图像被置入文档中并成为链接的智能对象，可以看到图层缩略图上出现图标，此时的图像四周出现自由变换定界框，如无须缩放或旋转图像，按 Enter 键即可，见下图。

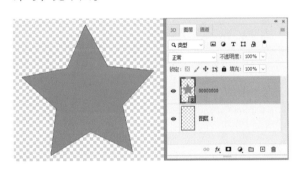

此时直接在 Illustrator 中对原始图像进行编辑修改，再存储图像，可以看到该智能对象图像随之改变，见下图。如果该智能对象存在于多个文档中，所有这些文档中的对象都将同时改变。

对智能对象图层应用智能滤镜。选中智能对象图层，然后在"滤镜"菜单中选择滤镜，可以看到在该智能对象图层下方出现智能滤镜的蒙版和参数栏，见下图。双击参数栏可在弹出的对话框中编辑参数。智能滤镜最大的好处是不破坏原始图像，参数存储在参数栏中，可反复编辑，也可直接在"图层"调板中删除智能滤镜，图像恢复原样。

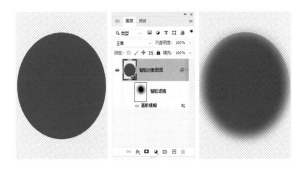

虽然智能对象有如此多的好处，但是无法对智能对象图层直接执行会改变像素数据的操作（如绘画、减淡、加深或仿制），除非先将该图层转换成普通层（将进行栅格化）。

在智能对象图层的名称处右击，在快捷菜单中执行"栅格化图层"命令，即可将其转换为普通层，见下图。执行"转换为智能对象"命令，则可将普通层转换为智能对象图层。

🖐Tips

视频图层是用来创建和存储视频的图层。执行"图层>视频图层"中的"从文件新建视频图层"或者"新建空白视频图层"命令，可得到视频图层，图层缩略图上出现图标，见右图。

2. 图层操作

普通层是最常用的图层类型之一，大部分命令和工具都可对普通层进行操作。

（1）新建图层

新建图层有三种方式。第一种方式是执行"图层 > 新建 > 图层"命令，见下图。

在弹出的对话框中设置名称、模式等，见下图。

单击"确定"按钮，新建的图层出现在"图层"调板中，见下图。

第二种方式是在"图层"调板菜单中执行"新建图层"命令，见下图。余下操作与第一种方式一样。

第三种方式是单击"图层"调板下方的新建图层图标，不断单击该图标，将依次向上在调板中建立新图层，并自动按序号命名图层，见下图。

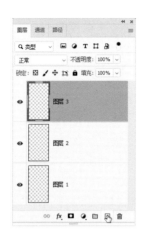

第二种方式是连选多个图层，先激活一个图层，然后按住 Shift 键，在其他的图层栏上单击，可将两栏之间的所有图层选中，见下图。

第三种方式是跳选多个图层，按住 Ctrl 键，逐一单击图层栏，可跳选这些图层，见下图。

Tips

如果需要依次向下建立新图层，则按住Ctrl键，单击新建图层图标，见右图。

按住Alt键，单击新建图层图标，会弹出"新建图层"对话框，在其中可以设置名称等，见右图。

（2）选择图层

选择图层有三种方式。第一种方式是选择一个图层，在"图层"调板的图层栏处单击，图层栏显示为灰显，即选中该图层，也称为激活图层，选中的图层缩略图出现外框线，见下图。

如需取消已选中的一个或者多个图层，在"图层"调板的下方空白处单击即可，见下图。在图像的空白处单击也可取消选中。

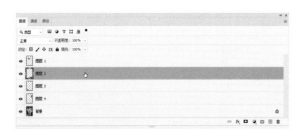

05 图层应用

Tips

按Alt+[快捷键，可依次向下选中图层，见右图。

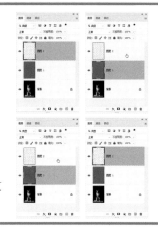

按Alt+]快捷键，可依次向上选中图层，见右图。

此操作必须在英文输入法状态下完成。

（3）复制图层

当从别的文档中复制图像到文档中时，该图像会自动在激活的图层上方建立新图层，并依次命名图层，对应的图层自动处于激活状态，见下图。

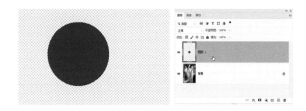

在图层栏上按住鼠标左键，将其拖曳到"图层"调板下方的新建图层图标上，松开鼠标左键，此时可以得到所选图层的复制图层，并自动命名为图层拷贝，见下图。

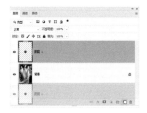

Tips

按Ctrl+J快捷键，可以将激活图层选区中的图像复制到新图层中，如图层中无选区，则整个图层图像被复制，见右图。

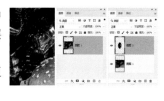

（4）显示和隐藏图层

"图层"调板中图层栏的指示图层可见性图标 ●（眼睛）用于控制图层图像的显隐。单击该图标（眼睛图标消失），则该图层内容被隐藏，此操作可称为"关闭眼睛"，见下图。

按住鼠标左键，在"图层"调板中的眼睛图标上拖曳，松开鼠标左键，可以关闭（或者打开）这些划过的图层，见下图。

按住 Alt 键，在某个图层栏的眼睛图标上单击，可以关闭其他图层的所有眼睛图标，仅留下该图层为显示状态，见下图。

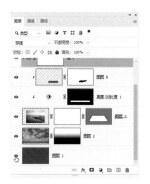
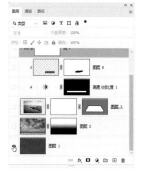

125

（5）删除图层

删除图层有以下几种方式。激活图层，此时图层的缩略图四周出现黑框，表明当前图层为激活状态，单击"图层"调板下方的垃圾桶图标，然后在弹出的对话框中单击"是"按钮，即可删除，见下图。也可以直接按 Del 键删除该图层。

在图层栏上按住鼠标左键，将图层拖曳到垃圾桶上，松开鼠标左键，在弹出的对话框中单击"是"按钮，即可删除，见下图。

（6）图层调序

图层的排列顺序会影响图像的最终合成显示效果，在实际工作中也常常需要调整图层的上下顺序，将需要调整的图层栏拖曳到其他图层栏之间，当栏间线为蓝显时，松开鼠标左键，即可将该图层移动到此栏间，见下图。

使用快捷键可以快速调整图层排序，按 Ctrl+[快捷键可以将图层下移一层，按 Shift+Ctrl+[快捷键可以将图层放置到底层，按 Ctrl+] 快捷键可以将图层上移一层，按 Shift+Ctrl+] 快捷键可以将图层放置到顶层。

（7）链接图层

将多个图层链接起来，形成链接图层，可以对这些图层进行统一操作，如移动一个图层的图像，其他链接图层的图像也随之移动。选中多个图层之后，单击"图层"调板下方的链接符 ∞，图层栏右侧出现链接符表明这些图层是链接图层，见下图。

如需将链接图层链接断开，单击其中的一个图层，然后单击链接符 ∞ 即可。

（8）载入图层选区

除背景层外，图层包含选区信息，按住 Ctrl 键在图层栏的缩略图上单击，此时光标变为 ⌗，即可载入图层的选区，见下图。

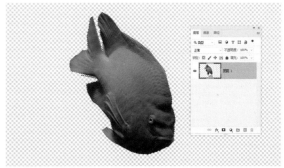

（9）对齐和分布图层

选择多个图层（包含链接和非链接图层）后，"图层 > 对齐"菜单中包含多种对齐方式。顶边是以最上边的图像为参照，其他图层的图像与之对齐，见下图。

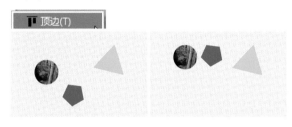

垂直居中是以各图层图像的横向中线为参照，强制各图像与该中心线对齐，见下图。

底边是以最下方的图像为参照，强制各图像与其对齐，见下图。

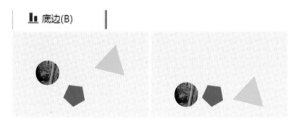

左边是以居左侧的图像为参照，强制各图像与之对齐，见下图。

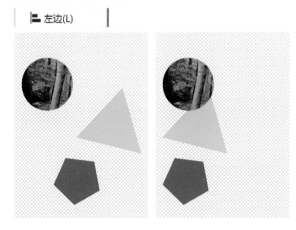

水平居中是以各图层图像的纵向中线为参照，强制各图像与该中线对齐，见下图。

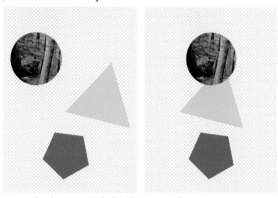

右边是以居右侧的图像为参照，强制各图像与之对齐，见下图。

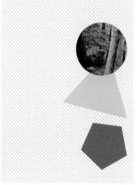

也可以均匀分布各图层的图像，选择三个以上图层（包含链接和非链接图层）后，可以看到"图层 > 分布"菜单中包含多种分布方式。顶边是从每个图层的顶端像素开始，间隔均匀地分布图层；垂直居中是从每个图层的垂直中心像素开始，间隔均匀地分布图层；底边是从每个图层的底端像素开始，间隔均匀地分布图层；左边是从每个图层的左端像素开始，间隔均匀地分布图层；水平居中是从每个图层的水平中心开始，间隔均匀地分布图层；右边是从每个图层的右端像素开始，间隔均匀地分布图层。水平是在图层之间均匀分布水平间距；垂直是在图层之间均匀分布垂直间

127

距，见下图。

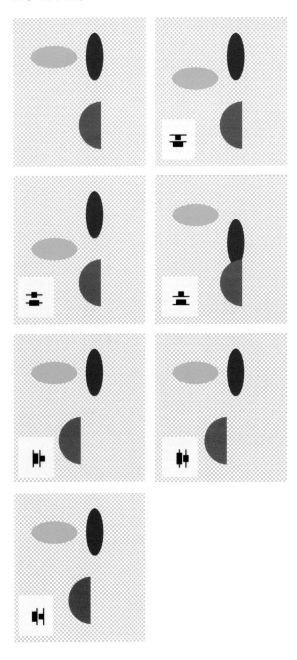

对齐、分布中的命令可以任意组合使用。

在移动工具选项栏和"属性"调板中都可找到对齐与分布设置按钮，见后图。

在"对齐"下拉列表中，"选区"是以图像的边缘或者选区为参考对齐，"画布"是以文档边缘为参考对齐。

垂直分布表示以图像边缘为参考，垂直分布图像；水平分布同理。

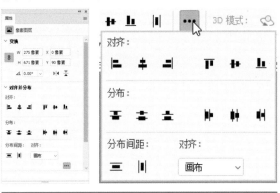

（10）修改图层名称

执行"图层 > 重命名图层"命令，可以修改图层名称，或者在"图层"调板中图层栏名称处双击，此时名称变为可编辑状态，输入文字即可，见下图。

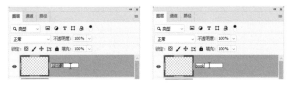

（11）锁定图层

对一个或者多个图层可以进行某种锁定操作，被锁定的图层将不能进行此项操作。单击"图层"调板中的某个锁定项目即可激活该锁定，再次单击该图标可解锁。可以激活多个锁定项目对图层进行锁定（锁定透明像素和锁定图像像素不能同时被选中），见下图。

锁定图像像素，防止使用
绘画工具修改图层的像素

锁定透明像素，将编辑范围限制在图层的不透明部分

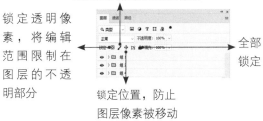

全部锁定

锁定位置，防止图层像素被移动

图层锁定后，图层名称的右边会出现一个锁形图标。当图层被完全锁定时，锁图标是实心的；

当图层被部分锁定时，锁图标是空心的，见下图。

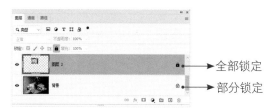

→ 全部锁定
→ 部分锁定

Tips

对文字图层和形状图层，"锁定透明像素"和"锁定图像像素"选项在默认情况下处于选中状态，而且不能取消选择。在默认情况下，背景层处于锁定状态。

（12）筛选过滤图层

图层过多时，为了便于查看和选择，可以通过筛选方式，在"图层"调板中仅显示拥有同样属性的图层，或者选择一个或多个过滤器以过滤图层，见下图。

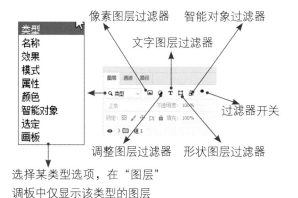

像素图层过滤器　智能对象过滤器
文字图层过滤器
过滤器开关
调整图层过滤器　形状图层过滤器

选择某类型选项，在"图层"调板中仅显示该类型的图层

在"类型"下拉列表中先选择"效果"选项，再选择"斜面和浮雕"选项，"图层"调板中没有该效果的图层都被隐藏，仅仅显示有该特效的图层，见下图。

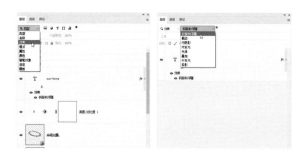

（13）合并图层

当"图层"调板中的图层比较多时，可以合并某些图层来减少图层数量，以便进行选择和编辑。在"图层"调板中选中一个或者多个图层，在图层栏上右击，在快捷键菜单中执行合并图层的命令；或者单击"图层"调板中的菜单图标，在弹出的菜单中执行合并图层的命令。

合并图层的命令有以下几种。

向下合并：选中图层的图像将与其下方的图层合并，并保留下方图层的名称，快捷键为Ctrl+E，见下图。

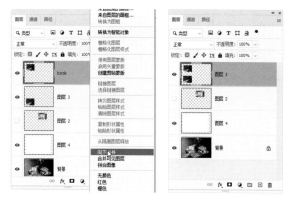

Tips

合并图层是将选中图层合并到一个图层，因此不能再单独操作（如移动、缩放等）某个图像部分。常规合并图层的操作，不能将图层混合模式效果也同时合并。

合并可见图层："图层"调板中的所有可见图层（打开眼睛图标的图层）将与最下方的可见图层合并，并保留最下方可见图层的名称，快捷键为Shift+Ctrl+E，见下图。

拼合图像：将"图层"调板中所有可见图层拼合为背景层，并将隐藏图层的图像去掉，见下图。

盖印图层也是合并图层的一种方式。盖印图层可将所有可见图层及图层特效（智能滤镜 / 图层样式 / 混合模式）合并为新图层，同时完整保留原始图层，并按默认顺序命名该图层。该操作仅提供快捷键方式，按 Ctrl+Alt+E 快捷键可盖印选中图层；按 Shift+Alt+Ctrl+E 快捷键可盖印可见图层（只有选中可见图层才能应用盖印可见图层），见下图，图层 3 是盖印得到的图层。

（14）不透明度

设置图层的不透明度可以使图层呈现半透明效果，在不透明度上拖曳滑块或者设置不透明度值，数值越小，透明效果越明显，见下图。

（15）图层组

图层太多，不方便选择和操作，合并图层后又不能灵活地处理图像，可以通过在"图层"调板中创建图层组来管理图层。如果将图层比为一张张透明纸，那么可以将图层组比为装满了透明纸的抽屉。

创建图层组，执行"图层 > 图层编组"命令，选中的图层将被组成图层组，并依顺序自动命名，见下图。

在"图层"调板菜单中执行"新建组"命令，在弹出的对话框中设置名称等，单击"确定"按钮，即可创建一个图层组（不选中任何图层也可此执行此操作），见下图。

Tips

背景层不能与其他图层建立图层组；图层组可嵌套图层组，见右图。

选中一个或多个图层，在"图层"调板菜单中执行"从图层新建组"命令，选中的图层将组成图层组。在"图层"调板的下方单击新建组图标，可以快速建立图层组；如果选中多个图层，

这些图层将被收纳到图层组中，见下图。

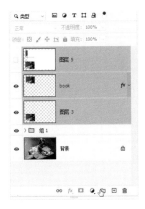

图层可以被移入图层组中，也可以被移出图层组。选中图层，然后将其拖曳到图层组栏上，当栏线为蓝显时，松开鼠标左键，图层被移入图层组中，可以看到组内的图层缩略图错位显示，见下图。

图层组栏左侧是用于控制组内容的眼睛图标 ◉，当关闭眼睛图标后，该组内所有图层栏的眼睛图标将为灰显，图层中的图像也将不显示在文档中，见下图。

重新打开眼睛图标 ◉，该组内所有图层栏的眼睛图标都将恢复为黑显，图层中的图像也将再次显示在文档中；如果组内有图层操作前已关闭眼睛图标，则该图层的眼睛图标不能同时被打开。

单击图层组栏中的三角符 ∨，可展开或折叠组内图层；按住 Ctrl 键并单击三角符，可以展开或者折叠所有图层组，如果组内有嵌套组，则只能作用到第一级图层组；按住 Alt 键并单击三角符，可以将组内所有嵌套组展开或折叠，见下图。

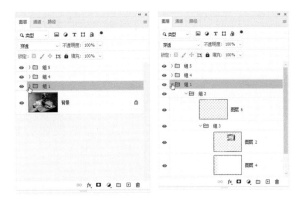

选中图层组，执行"图层 > 删除 > 组"命令（"图层"调板菜单的"删除组"）或者单击"图层"调板下方的垃圾桶图标，弹出对话框，单击"组和内容"按钮可以将组内所有图层一并删除；单击"仅组"按钮会将组删除，组内的图层被保留并成为单独的图层，见下图。

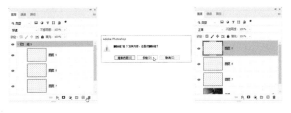

图层组的其他操作与图层方式一致。

（16）"图层"调板常规操作

执行"图层"调板菜单中的"面板选项"命令，见后图。

131

弹出"图层面板选项"对话框，在对话框中进行相应设置，将会影响"图层"调板的显示效果，见下图。

默认情况下，图层栏显示为无颜色，为了更直观地区别各个图层，可以对图层上色；右击图层，在快捷菜单中执行"颜色"命令，图层栏眼睛图标处出现所选的颜色，见下图。

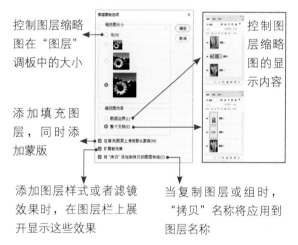

控制图层缩略图在"图层"调板中的大小

控制图层缩略图的显示内容

添加填充图层，同时添加蒙版

添加图层样式或者滤镜效果时，在图层栏上展开显示这些效果

当复制图层或组时，"拷贝"名称将应用到图层名称

在"图层"调板的空白处右击，在快捷菜单中也可进行上述设置，见后图。

Tips

当激活移动工具时，工具选项栏中出现自动选择图层或组选项，当单击文档中某个图像时，会自动选中该图层或组，图层栏中的该图层或组为灰显，见右图。

5.2.2 图层样式

使用 Photoshop 的图层样式功能可以创建多种图像效果，如阴影、发光、浮雕等，该功能常用于设计图标、按钮和海报的立体字。图层样式属于非破坏性编辑方式，图层样式的效果不直接修改原始图像，因此可以进行灵活的编辑。

1. 调用图层样式

调用图层样式有 4 种常用方式。

①在"图层"调板中选中需要设置效果的图层 (背景层、锁定的图层或组不能建立图层样式)，

然后执行"图层 > 图层样式"命令，在子菜单中选择某个样式后，弹出"图层样式"对话框。

②在"图层"调板菜单中执行"混合选项"命令；或者在图层栏上右击，在快捷菜单中执行"混合选项"命令，都可以调用图层样式。

③双击图层栏，会弹出"图层样式"对话框。

④选中图层之后，单击"图层"调板下方的图层样式图标，会弹出"图层样式"对话框，该对话框的左侧为样式项目区，右侧为样式设置区。

在"图层样式"对话框中，单击样式的名称，该样式被激活并变为灰显，复选框图标□变为勾选状态▣，设置区中的参数内容也会变为该样式的设置内容。对项目进行相应设置，单击"确定"按钮，样式被应用到图层中，见下图。可以选择多个图层样式，这些样式效果会叠加应用到图层中。

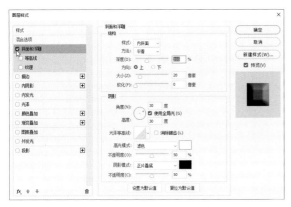

此时"图层"调板中的图层栏右侧出现图层样式符*fx*和三角符︿，下方会出现图层样式栏，单击三角符︿可展开或折叠图层样式栏；单击图层效果的眼睛图标，可关闭图层样式，见下图。

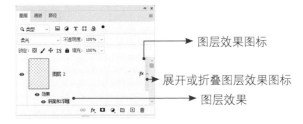

如需删除该图层样式，将图层样式拖曳到垃圾桶图标上，松开鼠标左键即可，见下图。

2. 设置图层样式

（1）样式

样式库中存储 Photoshop 的预设样式。单击"图层样式"对话框左侧的"样式"选项，右侧出现陈列样式组的样式库，单击样式组名称旁的三角符，展开该样式组，选中某个样式，图像会发生改变，"图层"调板中该图层的下方出现应用的图层样式效果栏，见下图。

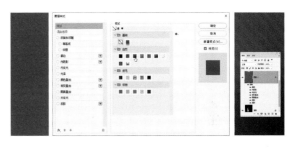

可以在"图层样式"对话框中导入、导出新的图层样式，单击样式菜单图标✿，在展开的菜单中执行"导入样式"命令，在弹出的"载入"对话框中，找到文件夹中的 fx1 样式，选中之后单击"载入"按钮，见下图。

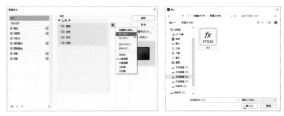

该样式组被导入样式库中，单击三角符，展开样式组，可以看到多个样式，见下图。

如需删除样式组，则在图层组栏上右击，在快捷菜单中执行"删除编组"命令，见后图。删除样式组后，应用了该样式组的图层样式依然会

保留在"图层"调板中。在菜单中还可以执行"重命名编组""导出所选样式"等命令。

（2）斜面和浮雕

斜面和浮雕是通过对图层添加高光和阴影，使图像呈现立体效果。在项目区中勾选"斜面和浮雕"复选框，为了得到更好的图层效果，可以在设置区设置参数。设置区包含结构和阴影两部分，见下图。

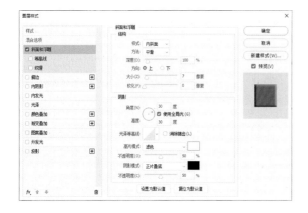

样式：指定斜面样式，内斜面是在图层图像的内边缘创建斜面；外斜面是在图层图像的外边缘创建斜面；浮雕效果是内斜面和外斜面的结合，使图层图像与下层图像对比，呈现凸起的浮雕效果；枕状浮雕也是内斜面和外斜面的结合，使图层图像与下层图像对比，呈现内陷的浮雕效果；描边浮雕只在图像描边处呈现立体效果，该样式需与描边图层样式配合使用，见后图。

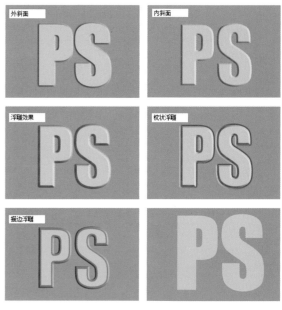

方法：设置浮雕面的模糊程度（即硬度），平滑较为模糊，雕刻清晰较为清晰，雕刻柔和最为清晰，见下图。

深度：设置图层图像凸起或者内陷的高度，直观感受为通过调整斜面颜色的深浅使图像呈现不同的立体感。数值越大，斜面颜色越深，立体感越强。

方向：设置斜面的高光和阴影的方向。

大小：调整斜面的大小。

软化：设置图层图像与斜面边缘的虚化程度。

角度：确定效果应用于图层时所采用的光照角度。高度：对斜面和浮雕效果，设置光源的高度。值为 0 表示光源位于底边；值为 90 表示光源位于图层的正上方。可以在文本框中直接输入数字，也可以在 ⊙ 中拖曳圆点以调整不同的角度和高度。

使用全局光：当图层应用多个图层样式时，勾选"使用全局光"复选框，可以强制所有的样式光源一致，保证图像效果更加真实。

光泽等高线：斜面和浮雕中的等高线可以改变斜面的光影效果，使图层图像产生类似金属表面光泽的效果；单击等高线三角符，可在菜单中选择任意一款等高线；单击等高线缩略图图标，可在弹出的"等高线编辑器"对话框中自行绘制等高线，绘制方法与颜色调整中的曲线一致，见下图。勾选"消除锯齿"复选框可清除等高线产生的锯齿。

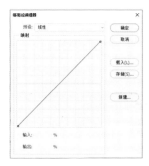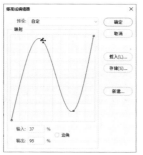

高光模式和阴影模式：设置高光和阴影的混合模式、颜色、不透明度。

等高线：创建斜面的光影效果，使图层图像呈现不同的斜面外观效果，调整范围参数可以控制等高线的作用范围，下图是图层应用同一类光泽等高线和等高线的比较。

纹理：在斜面中可添加纹理，单击图案图标，在弹出的图案库中选择一款图案；单击图标可以复制选中的图案到图案库中；贴紧原点用于将原点对齐图层或者文档的左上角；缩放用于调整斜面中图案的大小；深度用于调整图案内陷或者凸起的高度；反相可将图案黑白颠倒；与图层链接可使图案随图层变化而变化，见下图。

下面通过一个小案例说明斜面和浮雕的特效原理。

1 选择图层后，在"图层样式"对话框中创建一个斜面和浮雕效果，选择外斜面样式，设置参数，见下图。

2 执行"图层 > 图层样式 > 创建图层"命令，"图层"调板中的图层效果变为两个普通层，可以看到外斜面特效其实是图层下方添加了一个应用了正片叠底的斜面阴影图层和一个应用了滤色的高光图层，见下图。其他样式读者可以自行尝试。

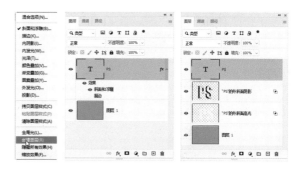

（3）描边

对图层可添加描边效果。大小用于调整描边的粗细程度；位置有内部、外部、居中三个选项，用于设置描边与图层的位置关系；混合模式用于设置描边与下层图层的混合方式；不透明度用于设置描边的透明度；填充类型提供了对描边填充颜色、渐变、图案的三种类型；单击颜色图标可在弹出的拾色器对话框中选择描边的颜色，见下图。

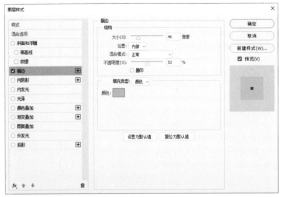

Tips

单击描边样式的图标⊞，可以对图层再次添加描边效果；如需删除该样式，则选择该样式后，单击样式区下方的垃圾桶图标🗑，见右图。

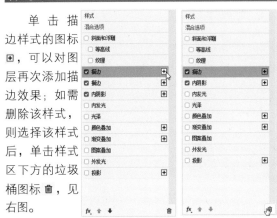

（4）内阴影

对图层图像的内部可添加阴影效果。在混合模式中设置与下层图像的混合方式，默认为正片

叠底模式，单击混合模式右侧的拾色器图标，在拾色器对话框中可选择阴影的颜色；不透明度用于设置内阴影的透明效果；角度用于设置光源的角度，当勾选"使用全局光"复选框时，该样式将与其他样式拥有同样角度的光源；距离用于设置内阴影的偏移距离；阻塞用于设置内阴影与图层过渡的虚化程度；大小用于设置内阴影的大小；杂色可以在该样式中添加噪点，见下图。

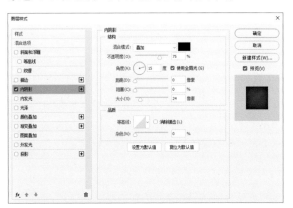

（5）投影

对图层图像的外部可添加阴影效果，投影与内阴影的设置内容几乎相同。扩展用于阴影的虚化程度，数值越大，虚化程度越小，见下图。

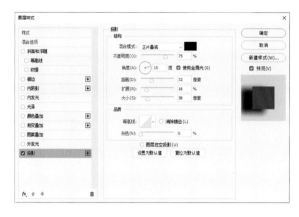

勾选"图层挖空投影"复选框，可以将图层下方的投影效果挖空。可以通过混合选项来比较勾选与否对该样式的影响，选择"混合选项"选项，将"填充不透明度"设置为0，可以看到隐藏图层显示之后投影的效果，见下图。

Tips

使用斜面和浮雕、内阴影、投影样式可以设置全局光，以使用同一角度的光源。

可以在菜单中预先设置全局光，执行"图层>图层样式>全局光"命令，在弹出的对话框中设置角度和高度即可，见右图。

（6）外发光

对图层图像的外边缘可添加发光的效果。外发光默认混合模式为滤色；不透明度用于调整样式的透明度；杂色可对样式添加噪点；单击拾色器图标可设置光的颜色，在渐变条上单击设置光为渐变色，并可编辑该渐变条；方法中包含柔和、精确两个选项，柔和可得到较为柔和的过渡边缘，精确则形成较硬的过渡色；扩展用于设置光的虚化程度；大小用于设置光在图层图像外缘的大小；等高线的作用与斜面和浮雕样式一致；范围用于设置等高线的作用范围；在结构中设置发光颜色为渐变色时，抖动可改变该渐变的颜色和不透明度，相当于在渐变色中添加杂色，见下图。

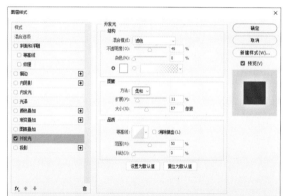

（7）内发光

对图层图像的内部可添加发光的效果。内发光默认混合模式为滤色；内发光与外发光设置基本一致，在此不赘述。源用于设置发光居于图层图像的居中位置，也可设置发光发生在图层图像边缘的位置；阻塞用于设置内发光与图层过渡的虚化程度，见下图。

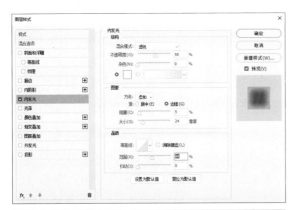

（8）光泽

光泽用于创建光滑光泽的内部阴影，其效果与内阴影有些相似，默认混合模式为正片叠底；单击混合模式右侧的拾色器图标，在拾色器对话框中可选择光泽的颜色；不透明度用于设置光泽的透明效果；角度用于设置光源的角度；距离用于设置光泽的偏移距离；大小用于设置光泽的作用区域；勾选"反相"复选框可以反相应用光泽的区域，见下图。

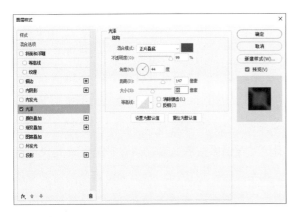

（9）颜色叠加、渐变叠加、图案叠加

颜色叠加是最简单的图层样式，其本质是在图层上方添加一个颜色，并设置混合模式得到的效果，见下图。

渐变叠加可以在图层上叠加渐变颜色，效果相当于将渐变颜色引用到图层上，关于渐变的设置内容可参考渐变章节；设置区下方的缩放用于在图层中放大或缩小渐变带，见后图。

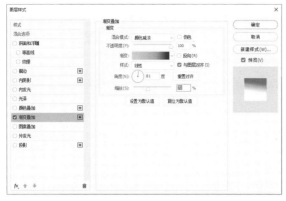

图案叠加可在图层上叠加图案，设置内容与之前的样式基本一致，勾选"与图层链接"复选框，可以使样式与图层为链接状态，当图层移动或者缩放时，样式里的图案也随之变化，见下图。

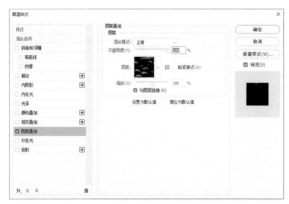

（10）混合选项

常规混合中的混合模式、不透明度与"图层"调板中的混合模式、不透明度一一对应，见下图。

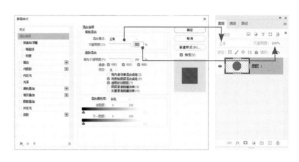

当调整不透明度数值时，可以看到图层与该图层的样式同步变化透明度，见下图。

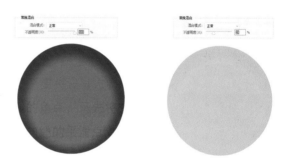

填充不透明度：设置参数，可以看到图层透明度改变，样式的透明度保持原有效果，见下图。

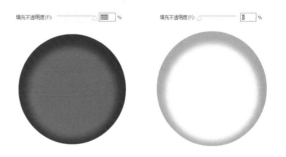

通道：通道数和通道名与颜色模式有关，RGB 颜色模式的文档显示三个原色通道 R、G、B 复选框，CMYK 颜色模式的文档显示四个原色通道 C、M、Y、K 复选框，见下图。

取消勾选某个原色通道的复选框，表示不显示此图层该通道的颜色信息，实际效果与关闭"通道"调板中的眼睛图标一致，见下图。

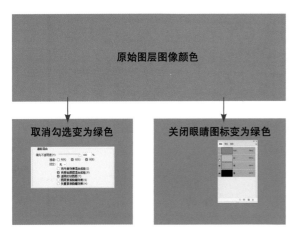

挖空：应用该效果的图层穿透中间的一个或多个图层，显示最下的图层内容，这三类图层分别称为挖空层、穿透层、显示层。

挖空有三个选项：无、浅、深，需要配合填充不透明度使用，无表示不挖空，浅和深表示对图层进行挖空。针对不同的图层情况，会得到不同的挖空效果，如下所述。

有背景层的挖空效果。先设置挖空为浅或深，然后将"填充不透明度"设置为 0，可以看到挖空层的图像部分穿透中间的所有图层，显示背景层内容，见下图。

无背景层的挖空效果。先设置挖空为浅或深，

然后将"填充不透明度"设置为 0，可以看到挖空层的图像部分穿透中间的所有图层，应该显示背景层内容，由于该图没有背景层，默认背景层为透明，因此图像的最终效果是图层图像的挖空处为透明，见下图。

图层组的挖空效果。挖空中的浅和深受图层的影响而呈现不同的效果。图层 1 和图层 2 在组 1 中，当图层 1 设置挖空为浅时，图层 1 穿透同组的所有图层，显示居于其下图层的内容；当图层 1 设置挖空为深时，图层 1 穿透其下所有图层，显示背景层的内容，见下图。

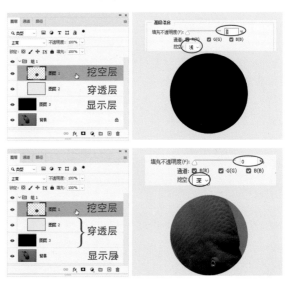

透明形状图层：默认为勾选状态，勾选此复

选框，可以将图层样式和挖空应用限定在图层图像区域，透明区域则不应用样式效果。

以图案叠加样式为例说明，对图层 1 应用图案叠加样式，当不勾选"透明形状图层"复选框时，整个图层 1 覆盖图案；当勾选此复选框时，仅在图像区覆盖图案，见下图。

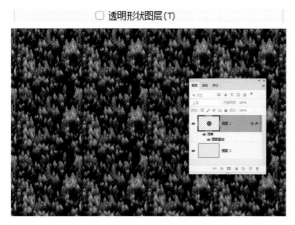

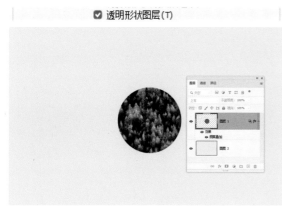

将内部效果混合成组：默认为不勾选状态，如果勾选此复选框，可以将图层和内部类型的样式作为一体，当对图层进行某些设置（如设置图层样式、填充不透明度）时，样式也随之改变。6 个内部类型的样式可与图层混合成组，分别是内发光、光泽、颜色叠加、图案叠加和渐变叠加。

下面通过一个小案例进行说明。

图层 1 应用了内发光样式，双击图层 1，在对话框中，"将内部效果混合成组"此时为不勾选状态，将"填充不透明度"的数值滑块拖曳到

0，图层图像渐渐显示，而内发光依然在文档中；当勾选"将内部效果混合成组"复选框，进行该操作时，图层和样式同时慢慢消失，见下图。

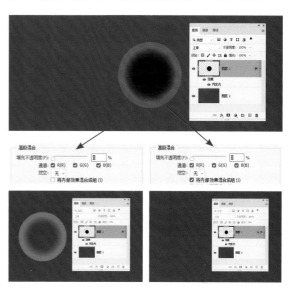

将剪贴图层混合成组：此项目与剪贴蒙版有关，默认为勾选状态，当勾选此复选框时，基底图层上的所有剪贴蒙版中，都使用基底图层的混合模式与下层图像发生反应。取消勾选此复选框（该复选框默认情况下总是勾选的）可保持原有混合模式和组中每个图层的外观。

下面通过一个小案例进行说明。

"图层"调板中有一个黄色背景层、一个品图层(混合模式为正片叠底)、一个青(剪贴蒙版)图层(混合模式为正常)。默认勾选状态下，青图层的青色使用品图层的正片叠底模式，与黄背景混合成绿色；取消勾选时，青图层使用自带的正常模式与下层混合为青色，见下图。

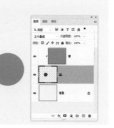

图层蒙版隐藏效果：勾选此复选框，可将图层效果限制在图层蒙版所定义的区域。

矢量蒙版隐藏效果：勾选此复选框，可将图层效果限制在矢量蒙版所定义的区域。

5.2.3 图层混合模式

混合模式是 Photoshop 最重要也最难理解的功能之一，广泛应用于绘制图像、合成图像、调整颜色、创建选区等。图层混合模式如同一些化学试剂一样，可以使上下图层像素发生"化学"反应，从而使图像外观发生翻天覆地的变化。

1. 混合模式的工作场所

（1）绘制类工具的混合模式

工具箱中的几种用于绘制像素的工具，可以应用混合模式来绘制颜色，当选中该类工具后，在相应的工具选项栏中设置混合模式，见下图。

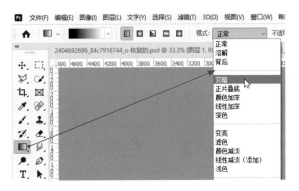

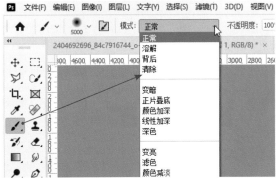

（2）图层的混合模式

图层混合模式存在于"图层"调板中，主要用于合成图像、调整图像颜色。选中图层（背景层不能应用图层混合模式）后，在混合模式上单击可以打开下拉列表，见下图。

（3）通道的混合模式

图层混合模式存在于通道混合中，用于创建选区和调整颜色，执行"图像 > 计算"命令，在弹出的对话框中可设置混合模式，"计算"命令用于创建选区，见下图。

执行"图像 > 应用图像"命令，在弹出的对话框中可设置混合模式，"应用图像"命令用于调整图像颜色，见下图。

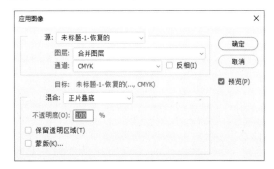

2. 图层混合模式的应用

图层混合模式可以应用在图层和图层组上。应用了混合模式的图层，将使用该混合模式与下层图像进行颜色的运算，从而显示出运算之后的颜色，见下图。

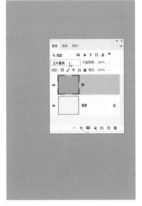

图层混合的三大要素是基色（基层）、混合色（混合层）、结果色。基色是底层原始图像颜色；混合色是上层的颜色；结果色是混合后得到的颜色，即文档显示的图像效果，见下图。

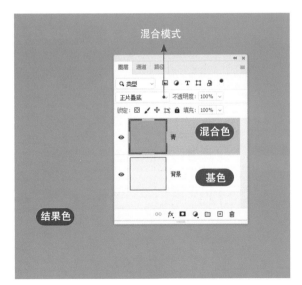

3. 图层混合模式的种类

图层混合模式被分隔线分成了几组，分别是正常组、变暗组、变亮组、反差组、比较组、着色组，见后图。

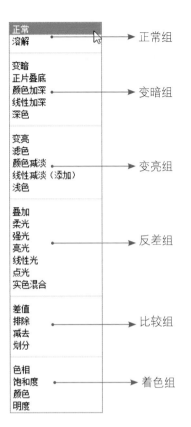

（1）正常组

正常组包含 2 个混合模式：正常和溶解。该组是指混合色对基色完全覆盖，通过调整不透明度得到不同的结果色。

正常是图层默认的混合模式，复制图像或者新建图层到文档中，创建图层默认的混合模式为正常。当调整图层的不透明度时，上下两个图层混合呈现透明的效果，见下图。

溶解是当调整图层的不透明度时，上下两个图层混合得到添加噪点的效果，见下图。

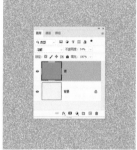

（2）变暗组

变暗组包含 5 个混合模式，具有以下 4 个特点。

- 白色是中性色。
- 混合色暗调区与基色混合。
- 图像的结果色会变暗。
- 去白留黑。

中性色是指混合色中的某种颜色不会对基色产生作用，变暗组的中性色为白色，即如果混合色为白色，将不会改变基色的任何颜色。

①变暗模式

变暗模式是指对混合色和基色的明暗程度进行比较，屏蔽较亮的像素，留下较暗的像素，文档的结果色显示为比混合前暗。为了更直观观察混合效果，使用黑白灰的图像进行混合，见下图。

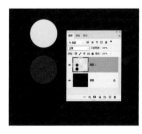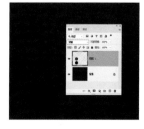

变暗模式与大多数图层混合模式相似，首先对比两图层各自同类的通道，如混合层的R通道与基层的R通道进行明暗的对比，亮色的通道被屏蔽，留下暗色的通道，然后各通道进行组合从而得到结果色，见下图。

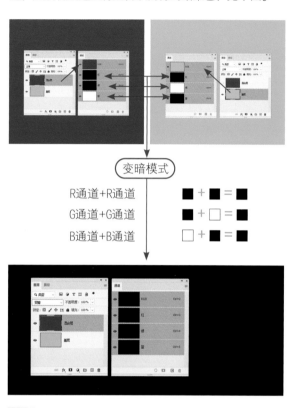

②正片叠底

正片叠底是最常用的混合模式之一，该模式模拟印刷油墨的叠加混合效果，也模拟阴影效果。正片叠底的混合特点是，完整保留两个图层的颜色信息（白色除外），混合之后得到一个比两个图层更暗的颜色，见下图。

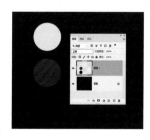

正是由于正片叠底有去白留黑、完整保留信息的特点，因此常常用来混合一些暗色调的图像，见下图。

变暗模式和正片叠底都与图层顺序无关，即应用它们进行混合时，将两个图层上下对调，结果色一致，见下图。

③颜色加深

颜色加深是以混合层的颜色为作用图层，对下层的底色进行调暗处理，结果色变暗并主要显示基层的颜色。白色对下层图像不起作用，颜色越暗，对下层的改造能力越强；任何颜色都不能改造白色的基层，因此图像结果色会形成一种高反差效果，见下图。

颜色加深与图层顺序有关，即应用它们进行颜色加深混合时，将两个图层上下对调，结果色不一致，见下图。

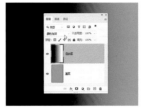

④线性加深

线性加深是混合色和基色以线性的方式使图像变暗，因此结果色是一种均匀过渡的暗色，不会出现高反差的效果，见下图。

⑤深色

深色与变暗模式相似。不同之处在于变暗是对比每个通道进行混合；而深色是直接对比颜色的明度，暗的颜色留下，亮的颜色屏蔽，见下图。

（3）变亮组

变亮组包含 5 个混合模式，具有以下 4 个特点。

- 黑色是中性色。
- 混合色亮调区与基色混合。
- 图像的结果色会变亮。
- 去黑留白。

通过对比变亮组与变暗组，可以看到这两组结果色的效果正好是相反的关系，并且这两组的混合模式也有一一对应的关系。

①变亮模式

变亮模式与变暗模式的结果色效果相反，是指对混合色和基色对应的通道比较明暗，屏蔽较暗的像素，留下较亮的像素，文档的结果色显示为比混合前亮，见下图。

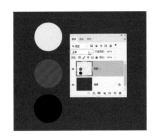
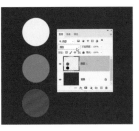

滤色常用于白色（亮的）图像的合成，如合成水花、白色婚纱、火焰、白烟等；也常用于提亮过暗的图像，见下图。

②滤色

滤色对应变暗组的正片叠底，与正片叠底齐名，也是最常用的混合模式之一。该模式模拟色光的叠加混合效果，想象在一个黑色室内，不断往白墙上打不同颜色的各种光，随着光不断增加，白墙也越来越亮，最终变为白色，这个效果就是滤色效果。

滤色的混合特点是，完整保留两个图层的颜色信息（黑色除外），混合之后得到一个比两图层更亮的颜色，通常来说，滤色混合模式作用的结果色比变亮模式更亮，见下图。

③颜色减淡

颜色减淡对应变暗组的颜色加深。颜色减淡是以混合层的颜色为作用图层，对下层的底色进行调亮处理，结果色变亮并主要显示基层的细节。黑色对下层图像不起作用，颜色越亮，对下层的改造能力越强；任何颜色都不能改造黑色的基层，因此图像结果色会形成一种高反差效果，见后图。

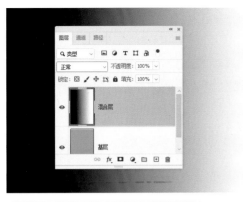

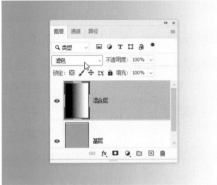

颜色减淡与图层顺序有关，也就是应用它们进行颜色减淡混合时，将两图层上下对调，结果色不一致。

④线性减淡

线性减淡是混合色和基色以线性的方式使图像变亮，因此结果色是一种均匀过渡的亮色，不会出现高反差的效果，见下图。

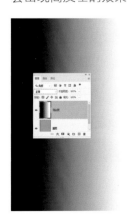 

⑤浅色

浅色与变亮模式相似，对应变暗组的深色。

浅色也是直接对比颜色的明度，亮的颜色留下，暗的颜色屏蔽，见下图。

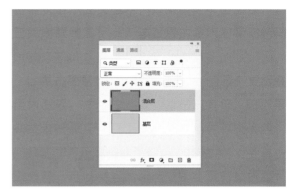

（4）反差组

反差组包含 7 个混合模式，具有以下 4 个特点。

• 128 灰是中性色。

• 混合色亮调区和暗调区与基色混合。

• 图像的结果色会加大反差。

• 去灰留黑白。

反差组的大多数混合模式都是变亮组与变暗组的结合，在这两组中能找到相关联的混合模式。

①叠加

叠加是正片叠底和滤色的结合，当基色比 128 灰暗时，混合色与基色以正片叠底方式混合，使基色更暗；当基色比 128 灰亮时，混合色与基色以滤色方式混合，使基色更亮；128 灰的混合色不能改变基色。

叠加与图层的顺序有关，混合色是作用色，对基色图层做加大反差的处理，结果色显示基色的细节，见下图。叠加常用于锐化图像。

②强光

强光也是正片叠底和滤色的结合，与叠加是"孪生兄弟"，该模式也与图层顺序有关，将叠加模式的基色和混合色颠倒得到的结果色，就是强光模式得到的结果色，见下图。

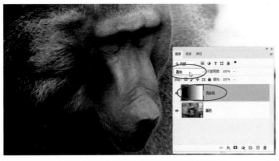

③柔光

柔光也可以看成叠加的"兄弟"。该模式也与图层顺序有关，其基本特征与叠加模式一致，只不过柔光模式混合之后的结果色更加柔和，见下图。柔光常用于对婚纱摄影相片的处理。

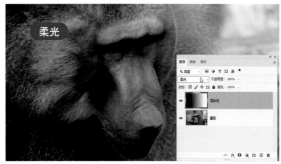

④亮光

亮光是颜色加深和颜色减淡两种模式的结合，使用何种模式来改变图像取决于混合色，当混合色比 128 灰暗，与基层以颜色加深来调暗混合层；当混合色比 128 灰亮，与基层以颜色减淡来调亮混合层。

亮光的结果色与图层顺序有关，主要显示混合层的细节，见下图。

⑤线性光

线性光是线性加深和线性减淡两种模式的结合，使用何种模式来改变图像取决于混合色，当混合色比 128 灰暗，与基层以线性加深来调暗混合层；当混合色比 128 灰亮，与基层以线性减淡来调亮混合层。

线性光的结果色与图层顺序有关，主要显示混合层的细节，见下图。

⑥点光

点光是变暗和变亮两种模式的结合，使用何种模式来改变图像取决于混合色，当混合色比 128 灰暗，与基层以变暗来调暗混合层；当混合色比 128 灰亮，与基层以变亮来调亮混合层。

点光的结果色与图层顺序有关，主要显示混合层的细节，见下图。

⑦实色混合

将混合色的红色、绿色和蓝色通道值添加到基色的 R、G、B 值。如果通道值的结果总和大于或等于 255，则值为 255；如果小于 255，则值为 0。因此，所有混合像素的红色、绿色和蓝色通道值要么是 0，要么是 255。此模式会将所有像素更改为主要的加色（红色、绿色或蓝色）、白色或黑色，见下图。

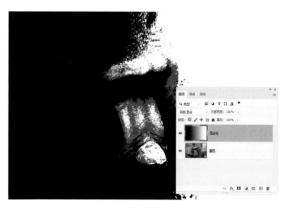

（5）比较组

比较组包含 4 个混合模式，分别是差值、排除、减去、划分。差值和排除的结果色与图层顺序无关，减去和划分则与图层顺序有关。

①差值

差值是两个参与混合的图层，一一对应通道，用较亮的颜色减去较暗的颜色，因此两个图层之间的差别越大，结果色越亮；差别越小，结果色越暗，见下图。

②排除

排除与差值相似，但是混合效果对比度较低，与白色混合将反转基色值，与黑色混合则不发生变化，见后图。

③减去

减去是两个参与混合的图层，一一对应每个通道，从基色中减去混合色，结果色显示更多的基色细节，在基色暗调处颜色变化较小，在基色亮调处会出现混合色反相的效果，见下图。在 8 位和 16 位图像中，任何生成的负片值都会剪切为零。

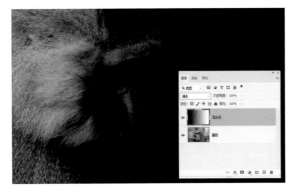

④划分

划分使结果色呈现高反差并显示更多的基色细节，混合色越暗，改变基色变亮的能力越强，反差越大，见下图。

（6）着色组

通常可以使用色相、饱和度、明度来描述颜色，着色组中的混合模式可以将混合层与基层的色相、饱和度、明度重新分配使用。

①色相

用混合色的色相混合基色的饱和度和明度，以创建结果色，见下图。

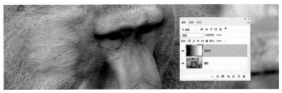

②饱和度

用混合色的饱和度混合基色的色相和明度，以创建结果色，在无饱和度的区域不会产生效果，见下图。

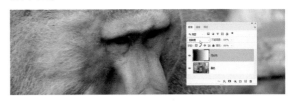

③颜色

用混合色的色相和明度混合基色的饱和度，以创建结果色，见下图。

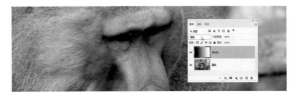

④明度

用混合色的明度混合基色的色相和饱和度，以创建结果色，见下图。

06 蒙版与通道

踏入蒙版与通道，就像进入一个黑白世界，这里没有色彩，只有黑白灰三种颜色，掌握这三种颜色所表示的含义，才能真正理解蒙版和通道。蒙版主要用于创建选区和合成图像；通道主要用于存储选区和存储调整颜色。

任务名称：App 广告

尺寸要求：1080 像素 ×1920 像素

知识要点：蒙版的基本操作、蒙版黑白灰三色的含义、通道基础知识

本章难度：★ ★ ★ ★ ★

6.1 App广告

难度 ●●●●●
重要 ●●●●●

案例剖析

①本招贴为 App 广告，因此新建文档时使用像素单位。

②创意和绘制草图，然后根据需要寻找或者拍摄所需素材。

③将素材在软件中抠选合成，应用蒙版使合成效果更精细，对图像进行调色，
   使图像色彩和光影更加协调统一。

④存储并输出合适的文档格式。

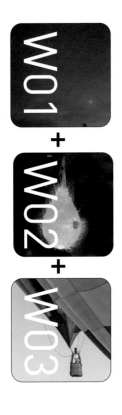

01 在 Photoshop 中按 Ctrl+N 快捷键，在弹出的对话框中设置文档名称为"App 广告"，再设置尺寸、分辨率、颜色模式，得到一个新的文档，见右图。

参数：宽度为1080像素，高度为1920像素，分辨率为72像素/英寸，RGB颜色模式，背景内容透明，其余默认。

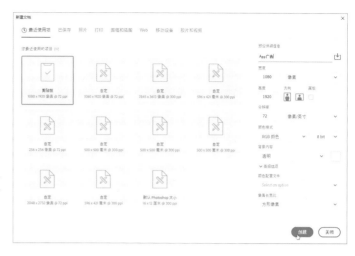

02 按 Ctrl+O 快捷键，在相应文件夹中找到"W01"素材，打开该素材，按 Ctrl+A 快捷键全选图像，再按 Ctrl+C 快捷键复制图像，见右图。

03 切换到"App 广告"文档，按 Ctrl+V 快捷键，图像被粘贴到新文档中，按 Ctrl+T 快捷键，适当调整图像大小和位置，见右图。

04 按 Ctrl+O 快捷键，在相应文件夹中找到"W02"素材，打开该素材，使用矩形工具框选图像，见右图。

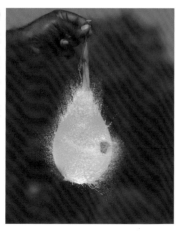

05 使用污点修复画笔工具，适当调整其笔刷大小，然后修复图像的瑕疵，见右图。

06 执行"窗口>通道"命令，弹出"通道"调板，见右图。

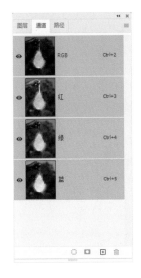

07 在"蓝"通道上按住鼠标左键，向下拖曳到新建通道图标上，见右图，松开鼠标左键，得到"蓝拷贝"通道。

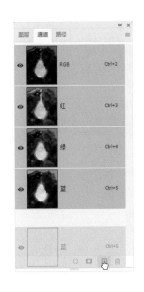

08 执行"图像>调整>色阶"命令，在对话框中将黑色滑块移动到"45"位置，白色滑块移动到"158"位置，单击"确定"按钮，见右图。

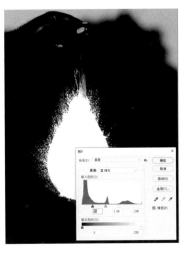

09 单击"通道"调板中的载入选区图标，蚂蚁线出现在图像上，见右图。

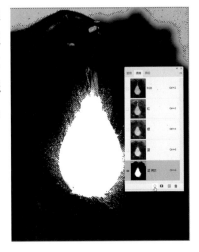

10 单击 RGB 复合通道，图像呈现为彩色显示，见右图。

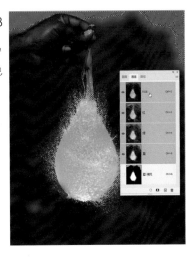

11 切换到"图层"调板，按 Ctrl+J 快捷键，关闭背景层眼睛图标，见右图。

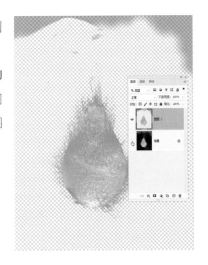

12 使用橡皮擦工具将图像的红色部分擦除，见右图。

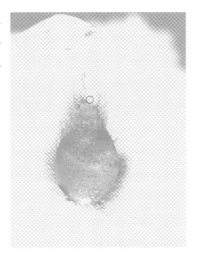

13 使用套索工具抠选图像，按 Ctrl+C 快捷键，见右图。

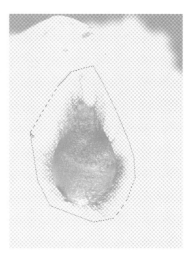

14 切换到"App 广告"文档，按 Ctrl+V 快捷键，然后将图层混合模式设置为"滤色"，见右图。

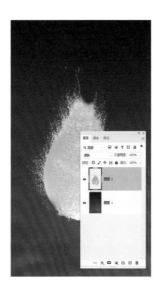

15 执行"图像 > 调整 > 去色"命令，见右图。

16 执行"编辑 > 变换 > 垂直翻转"命令，见右图。

17 按 Ctrl+J 快捷键，得到"图层 2 拷贝"图层，见右图。

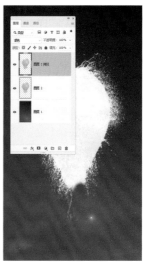

18 执行"编辑 > 变换 > 水平翻转"命令，然后使用移动工具将图像移动到合适位置，见右图。

19 选中"图层 2 拷贝"和"图层 2"两个图层，将"不透明度"设置为 65%，见右图。

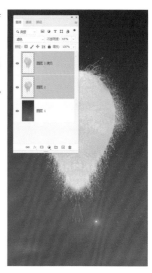

20 按 Ctrl+T 快捷键，调整其大小并移动图像到合适位置，按 Enter 键，见右图。

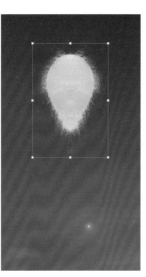

21 打开素材"W03"，使用钢笔工具抠选图像，然后将其转换为选区，再按 Ctrl+C 快捷键复制图像，见右图。

22 切换到未标题 1 图像文档，按 Ctrl+V 快捷键，得到图层 5，使用移动工具将图像移动到合适位置，并调整其大小和角度，见右图。

23 按 Ctrl+T 快捷键，调整图像大小并移动图像到合适位置，按 Enter 键，见右图。

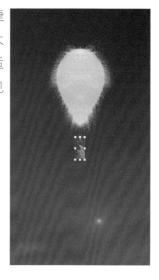

24 单击"图层"调板中的调整图层图标，在快捷菜单中执行"亮度/对比度"命令，见右图。

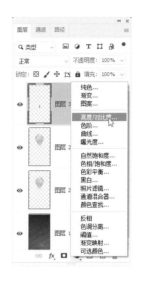

25 设置亮度和对比度参数，并单击剪贴蒙版图标，见右图。

参数：亮度为-50，对比度为-20。

26 广告图像设计完成后，按 Ctrl+S 快捷键存储文档，并将其存储为 PNG 格式，见下图。

6.2 蒙版

难度 ●●●●○
重要 ●●●●●

Keyword

蒙版是 Photoshop 最重要的功能之一，可以分成 5 种：快速蒙版、图层蒙版、剪贴蒙版、矢量蒙版、混合颜色带。这 5 种蒙版各有特长，掌握它们各自行为方式的特点，灵活运用以完成工作。

6.2.1 快速蒙版

快速蒙版是暂时存储选区和快速编辑选区的场所，快速蒙版如同一个选区深加工场所，在这里编辑出来的选区比直接创建的选区更精细，可以说，针对快速蒙版的所有操作就是为了得到一个满意的选区。Photoshop 提供直接编辑选区的方式并不多，在编辑时常常由于误操作而丢失选区，并且选区的蚂蚁线不能直接随文档被存储，通过快速蒙版可以解决此类问题。快速蒙版的大致操作流程是，先将选区转换为快速蒙版，然后使用多种工具或者命令来编辑该蒙版，最后转换为选区，见下图。

创建快速蒙版　　　　使用工具或者命令编辑蒙版　　　　转换为选区

1. 创建快速蒙版

快速蒙版可以建立在任何图层上（包含背景层），通过菜单中的"选择 > 在快速蒙版模式下编辑"命令可创建快速蒙版，更便捷的方式是在工具箱中单击快速蒙版图标。通常在两种情况下创建快速蒙版，一种是文档中无选区，另一种是文档中已经有了一个选区。

（1）无选区创建快速蒙版

当文档中没有创建任何选区时，激活需要创建快速蒙版的图层，然后单击工具箱中的快速蒙版图标 ◻，图标变为 ◼，此时文档外观无变化，"图

层"调板中的激活图层栏为红显，表示已经建立快速蒙版，当前处于快速蒙版编辑状态，此时对文档图像的任何操作都是在编辑该蒙版，见下图。

（2）有选区创建快速蒙版

当文档中已经有了选区时，激活需要创建快速蒙版的图层，然后单击工具箱中的快速蒙版图标，图标变为，此时文档外观出现变化，选中的区域出现半透明的红色，未选择的区域无变化，"图层"调板中的激活图层栏为红显，见下图。

2. 编辑快速蒙版

在图层上创建快速蒙版后，可以使用多种工具或命令对该蒙版进行编辑，如画笔工具、矩形选框工具、填充、曲线等。

下面以一个小案例来展示编辑过程。打开文档"KM1"，文档有两个图层，任务要求是将图层1的黑洞的像素清除，从而显示出背景层的图像。

1 激活图层1，使用椭圆选框工具框选黑洞，可以看到此时建立的选区并不能精确地选择黑洞，见后图。

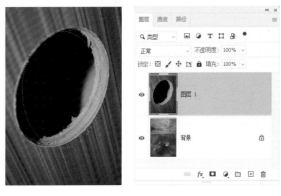

2 单击工具箱中的快速蒙版图标，选区为红显，进入快速蒙版编辑模式，见下图。

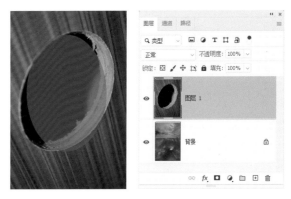

3 按 Ctrl+T 快捷键，红显区出现自由变换定界框，调整红显区的角度、大小和位置，使该区域尽量贴合黑洞，见下图。

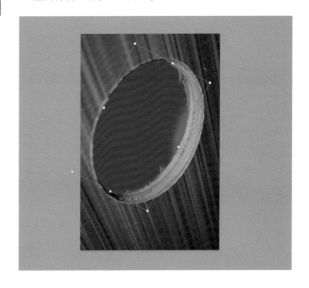

4 在定界框中右击，在快捷菜单中执行"变形"命令，然后在变形选项栏中设置"网格"为 5×5，见下图。

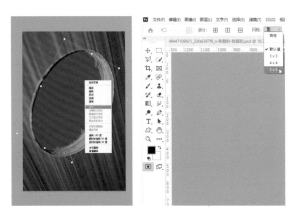

5 定界框中出现控制网格，根据图像调整网格节点，使红线区域尽量覆盖黑洞，见下图。

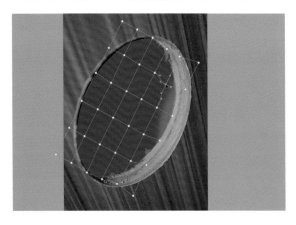

6 再对快速蒙版的细节进行处理，选择画笔工具，将前景色设置为白色，在图像中右击，在弹出的画笔设置对话框中设置笔刷参数，见下图。

7 在图像中需要进一步处理的地方涂抹，在此过程中，可以按 X 键切换前景色、背景色，直至红线区域更好覆盖黑洞，见下图。

8 单击工具箱中的快速蒙版图标 ▣，快速蒙版转换为选区，文档中出现蚂蚁线，见下图。

9 按 Shift+F6 快捷键，弹出"羽化选区"对话框，设置"羽化半径"为 2 毫米，单击"确定"按钮，然后按 Delete 键将选区内图像删除，按 Shift+D 快捷键取消选区，见下图。

3. 快速蒙版的颜色

文档中创建的快速蒙版会暂时存储在通道中，蒙版上可以绘制三种颜色，分别是黑、灰、白。默认情况下，文档中半透明的红显区表示黑色，较淡的红显区表示灰色，无色表示白色。通过文档显示色与"通道"调板中的快速蒙版比较，可以看到这种关系，见下图。

将快速蒙版转换为选区之后，复制图层，可以看到红显区的图像得到复制，淡红区部分图像被复制后呈现半透明效果，无色区没有图像被复制，见下图。

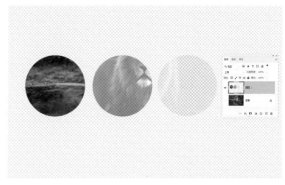

由此得到文档显示、快速蒙版和选区的关系，清楚了解这种对应关系，有助于充分理解快速蒙版的行为模式，见下图。

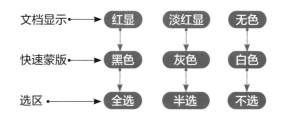

6.2.2 图层蒙版

图层蒙版是最常用也重要的蒙版类型之一。图层蒙版如同图层穿上的"隐身衣"，当图层穿上自己的"隐身衣"之后，就能把自身全部或者部分隐藏起来。缝制一件合体的"隐身衣"，可以实现图层图像与背景天衣无缝融合。

1. 初识图层蒙版

对图像的合成工作，使用一些基础的工具和命令就能完成，如橡皮擦工具、删除命令。

Photoshop一直倡导的是非破坏性处理图像，而使用橡皮擦直接针对原图处理是一种破坏性的操作。尽可能不破坏原稿，对工作来说非常重要，尤其是复杂的图像处理工作，保持原稿的完整性可以获得更高的工作效率和更好的最终效果。

在"图层"调板中的图层栏上，图层蒙版居于图层缩略图的右侧。图层蒙版隐藏于图层之后，像一只暗黑的手，控制着图像像素的显示和隐藏，见下图。

图层蒙版有三大作用：

• 拼合图像；

• 创造复杂选区；

• 应用于调整层。

图层蒙版通过对图层有选择的显示和隐藏像素，来达到拼合图像的作用；图层蒙版也用于存储选区，给图层应用众多的工具和命令来改造选区；用于调整图层的图层蒙版，可以控制调整颜色的作用区域和作用强度，见下图。

2. 建立图层蒙版

建立图层蒙版有 3 种方法。第一种方法是，选中一个普通层或者图层组，打开"图层 > 图层蒙版"菜单，可以看到显示全部、隐藏全部、显示选区、隐藏选区、从透明区域 5 个命令，任意执行其中一个即可，选中的命令不一样，得到的蒙版也不一样。

显示全部是指应用蒙版的图层像素完全显示，此时得到一个白色的蒙版，见下图。

隐藏全部是指应用蒙版的图层像素完全隐藏，此时得到一个黑色的蒙版，见下图。

从透明区域建立的蒙版，透明区域为黑色，图像区域为白色，半透明图像区域为灰色，见下图。

如果文档中建立了选区，显示选区可以使选区内容显示在文档中，选区内蒙版为白色，选区外为黑色，见后图。

如果文档中建立了选区，隐藏选区可以使选区外内容显示在文档中，选区内蒙版为黑色，选区外为白色，见下图。

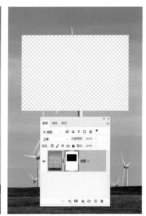

第二种方法是，激活需要建立蒙版的图层，单击"图层"调板中的蒙版图标 ▣，可得到白色图层蒙版；按住 Alt 键单击蒙版图标 ▣，可得到黑色图层蒙版，见下图。

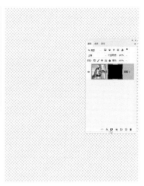

如果文档中建立了选区，单击"图层"调板中的蒙版图标 ▣，选区内图层蒙版显示为白色，选区外显示为黑色；按住 Alt 键单击蒙版图标 ▣ 则相反，见下图。

第三种方法是，通过贴入的方式创建蒙版。首先在图像上按 Ctrl+A 快捷键全选图像，然后按 Ctrl+C 快捷键复制图像；再切换到目标文档上，创建一个选区；最后执行"编辑 > 选择性粘贴 > 贴入"命令 (快捷键为 Alt+Shift+Ctrl+V)，所选图像被贴入目标文档，并自动创建一个图层蒙版，见后图。

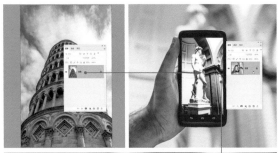

3. 图层蒙版常规操作

建立了图层蒙版之后，可以对蒙版进行常规操作，如删除、复制、载入蒙版选区、链接等。

（1）激活

蒙版只有被激活时，才能绘制、编辑蒙版的内容，在"图层"调板中的蒙版缩略图上单击，激活（选中）蒙版，被激活的蒙版缩略图上出现黑边框，见下图，此时在文档上的操作都是针对蒙版的，如使用画笔绘制颜色、使用曲线调整图像颜色。

（2）删除

选中图层蒙版，然后单击"图层"调板下方

的垃圾桶图标，见下图。也可以将蒙版拖曳到垃圾桶图标上来删除蒙版。

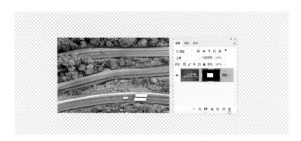

此时弹出对话框，如果单击"应用"按钮，可以将蒙版删除的同时应用到图层中，图层中被隐藏的图像像素也会被删除；如果单击"删除"按钮，则在删除蒙版的同时，保留所有的图像像素，见下图。

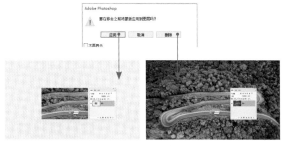

删除图层蒙版的方法还有：在菜单中执行"图层 > 图层蒙版 > 删除"命令；在"图层"调板的蒙版缩略图上右击，在快捷菜单中执行"删除图层蒙版"命令，见下图。

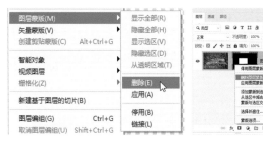

（3）链接

图层蒙版与图层可以建立链接关系，建立了链接的蒙版将与图层随动，如移动图层时，蒙版也随之移动；缩放图层图像时，蒙版也会随之缩放。

在"图层"调板的图层缩略图与蒙版缩略图

之间单击鼠标左键，出现链接符，表示蒙版与图层已建立链接关系，见下图。如需断开链接，在链接符上单击鼠标左键即可，链接符消失。

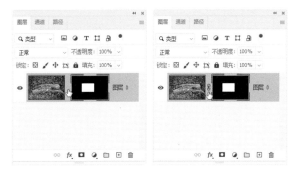

（4）停用

停用图层蒙版可以暂时关闭蒙版，以恢复图像的全貌，并且可以随时开启该蒙版。在图层蒙版缩略图上右击，在快捷菜单中执行"停用图层蒙版"命令，见下图。

图层蒙版上出现红叉标识，表示蒙版已被暂时关闭，此时图像不再受蒙版影响而显示全貌，见下图。

如需恢复蒙版控制，在红叉蒙版上单击即可。

（5）移动

当文档中有多个图层时，蒙版可以在各个图层（除背景层）之间移动，在蒙版上按住鼠标左键，然后将蒙版拖曳到目标图层栏上，当目标图层栏出现蓝框时松开鼠标左键，即可移动该蒙版，见下图。

当目标图层栏自带蒙版时，将别的图层移动到目标图层，在弹出的对话框中单击"是"按钮，可替换目标图层的蒙版，见下图。

（6）复制

当文档中有多个图层时，蒙版可以被复制到目标图层上。按住Alt键，在蒙版上按住鼠标左键，将蒙版拖曳到目标图层栏上，当目标图层栏出现蓝框时松开鼠标左键，即可复制该蒙版，可以看到两个图层上都有一样的蒙版，见后图。

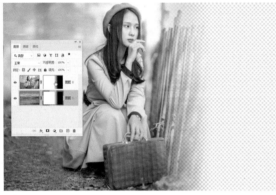

如需复制一个反相的图层蒙版，可按住 Alt+Shift 快捷键并拖曳，见下图。

（7）载入蒙版选区

蒙版存储着选区信息，可以在文档中载入蒙版选区。按住 Ctrl 键，当光标变为 🖑 时，在图层蒙版缩略图上单击，蚂蚁线出现在文档中，见下图。

（8）文档显示蒙版

可以在文档上显示蒙版，这样可以更好地查看和编辑蒙版。按住 Alt 键，在图层蒙版缩略图上单击，切换到文档显示蒙版模式，见下图。如需切换回图层显示模式，可按住 Alt 键再次单击该蒙版，或者单击图层缩略图。

4. 图层蒙版的颜色

在图层蒙版上只能创建黑白灰三种颜色，正是这黑白灰三色，决定了选区的范围、控制着图层的显隐关系。

默认情况下，对选区来说，蒙版的黑色表示不选，灰色表示半选，白色表示全选，见下图。

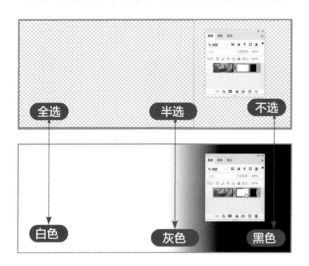

对显隐图像来说，蒙版的黑色表示隐藏图像，灰色表示半显图像，白色表示全显图像，见下图。

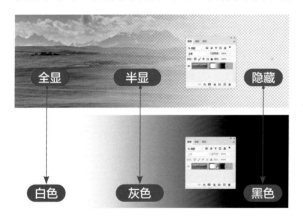

综上所述，可以得到蒙版颜色与显隐、选区的关系，见下图。

5. 编辑图层蒙版内容

图层蒙版上的三种颜色与选区、显示有关系，对蒙版颜色的绘制和编辑，其本质就是编辑一张灰度模式的图像，因此所有可以用来编辑灰度模式图像的工具和命令，如移动工具、一些绘图工具、选区工具和调色命令等，都可作用于图层蒙版上。

（1）使用绘图工具

常用于蒙版上的绘图工具有画笔和渐变工具，画笔工具多用于局部图像的融合，渐变工具多用于全景的拼合。

使用画笔工具绘制蒙版时，可以设置画笔工具的硬度、笔刷的大小和颜色，这样蒙版能更精确地控制图层的显隐关系，从而与底层的图层融合得更加自然，下面通过一个小案例来展示画笔工具的应用。

1 打开素材"A1"和"A2"，见下图。

2 将 A2 图像复制到 A1 文档中，此时两幅图像边缘的融合过于生硬，见下图。

3 选择画笔工具，选择笔刷类型为默认，设置笔刷的大小和硬度，再设置前景色，这一切都是为了得到一个"更锋利"的利器，以便完美改造蒙版，见下图。

4 在鲸鱼图层上建立白色蒙版，使用画笔工具不断在鲸鱼底部涂抹，直至两图层图像融合自然，见下图。

　　渐变工具的特点是，创建一个过渡柔和渐变条，在合成图像时，渐变条的蒙版正好可以使图层之间形成一个柔和的过渡带，从而使图像自然融合。使用渐变工具绘制蒙版，通常用于图层图像之间全景拼合，如更换天空背景。下面通过一个小案例来展示渐变工具的应用。

1 打开素材"AA1"，该文档包含两个图层，分

别是图层 0 和图层 1，并且两个图层之间图像的过渡非常生硬，见下图。

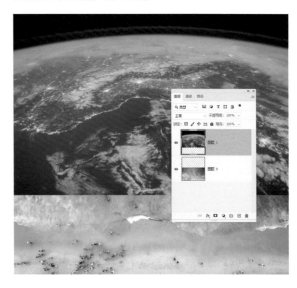

2 选择渐变工具并进行相应设置，然后在图层 1 上建立白色蒙版，见右图。

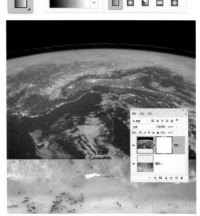

3 使用渐变工具在两图层图像的交界处拖曳，绘制出一个黑白渐变色条，图像自然融合，见下图。

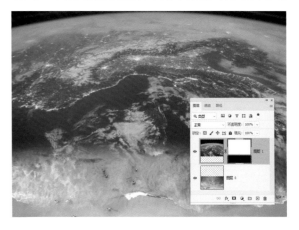

（2）使用调色命令

使用调整颜色的色阶、曲线、反相等命令，也可对蒙版内容进行编辑。当图层中已经建立了黑白灰的蒙版，可以使用调色命令进行深加工。

打开素材"AA2"，图层中已经建立了黑白蒙版，选中蒙版，执行"图像 > 调整 > 反相"命令，可以看到蒙版黑白色被反相，文档的显示也发生变化，见下图。

（3）使用选区功能

在蒙版上也可以使用选区工具和选区命令来选择蒙版的像素，再配合其他工具或者命令对这些像素进行编辑。下面通过一个小案例进行讲解。

1 打开素材"AA3"，按 Ctrl+J 快捷键复制一个背景层，得到图层 1，见下图。

2 按 Ctrl+T 快捷键，弹出自由变换定界框，在定界框中右击，在快捷菜单中执行"水平翻转"命令；然后再次右击，在快捷菜单中执行"顺时针旋转90 度"命令，按 Enter 键，图像被旋转，见右图。

3 在图层 1 上建立一个白蒙版，使用多边形套索工具，沿着图像左下角和右上角建立一个三角形选区，见右图。

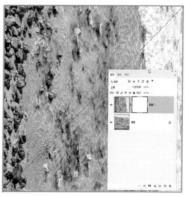

4 确认蒙版为激活状态,执行"编辑>填充"命令,在弹出的对话框中设置"内容"为黑色,单击"确定"按钮,蒙版选区内被填充黑色,并且文档显示图像发生改变,按 Ctrl+D 快捷键取消选区,见下图。

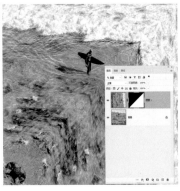

5 激活图层 1,使用污点修复画笔工具将图层的人物清除,见下图。

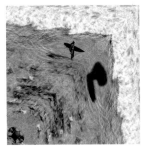 

6 新建图层 2,然后载入蒙版选区,使用画笔工具在两图层图像相交处涂抹淡淡的灰色,按 Ctrl+D 快捷键取消选区,图像完成,见下图。

🖐Tips

应用图层蒙版来合成图像,可以将这些看似复杂的操作总结为两种方式。一种是"先选后蒙",即先在图像上建立选区,然后将选区转换为蒙版;另一种是"先蒙后选",即文档中没有选区,在图层上建立黑色或者白色的蒙版,然后使用某些工具(如画笔工具)对其进行针对性的涂抹,使图像自然融合。

6.2.3 剪贴蒙版

剪贴蒙版是在"图层"调板中的一种蒙版形式,只有图层之间才能建立剪贴蒙版,图层组不能与图层建立剪贴蒙版。

剪贴蒙版是指上层图像根据下层图像像素的分布和不透明度,来选择显示或隐藏本图层的像素,即依据下层图像来形成蒙版。

1. 创建剪贴蒙版

选中上层图层,打开"图层"调板菜单,执行"创建剪贴蒙版"命令,文档显示发生变化;在"图层"调板中图层会错位显示,表示图层应用了剪贴蒙版,该图层称为剪贴图层,见下图。执行"图层 > 创建剪贴蒙版"命令也可以创建剪贴图层。

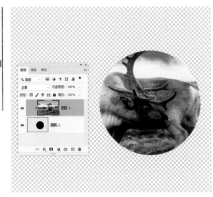

还可以使用更便捷的方法来创建剪贴蒙版，按住 Alt 键，移动光标到在两个图像栏之间的栏线上，当光标变为 ↓□ 时，单击即可创建剪贴蒙版，见下图。

2. 剪贴蒙版常规操作

（1）释放剪贴蒙版

在"图层"菜单或者"图层"调板菜单中执行"释放剪贴蒙版"命令，可将剪贴蒙版释放并恢复正常；也可以使用更便捷的方法来释放剪贴蒙版，按住 Ctrl 键，移动光标到剪贴图层与下层图层的栏线上，当光标变为 ↓□ 时，单击后，图层恢复为普通层，见下图。

（2）调整剪贴图层显隐

在剪贴图层上可以添加混合模式和图层样式等效果，还可以直接设置不透明度来调整图层的显示和隐藏，此时文档将会显示出下层图像的颜色，见下图。

也可以通过调整下层图像的不透明度来控制调整图层的不透明度，好处是下层图像的颜色不会显示出来，见下图。

由于剪贴图层上的显隐受下层图像像素的控制，因此在下层做任何操作，都只是改变剪贴图层上图像的显示和隐藏，如在下层使用画笔绘制颜色，可看到图像的变化，见下图。

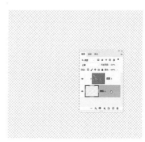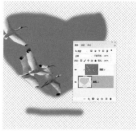

171

6.2.4 矢量蒙版

矢量蒙版可以看成矢量路径与图层蒙版的结合。矢量蒙版居于"图层"调板图层缩略图和图层蒙版缩略图的右侧，主要用于抠选或隐藏一些边缘比较硬的图像，使其与下层图像融合。

1. 创建矢量蒙版

选中一个图层，在"图层"调板的蒙版图标上单击，得到图层蒙版，再单击得到的蒙版缩略图就是矢量蒙版，见下图。

执行"图层 > 矢量蒙版"中的命令也可创建矢量蒙版，显示全部可以创建一个白色的蒙版，图像完全显示在文档中；隐藏全部可以创建一个灰色的蒙版，在该图层上的图像完全被隐藏；在文档中建立路径，可以选择当前路径，创建路径内为白色、路径外为灰色的蒙版，图层图像呈现部分显示、部分隐藏的效果，见下图。

2. 蒙版常规操作

（1）删除

首先在矢量蒙版缩略图上单击，激活该蒙版，此时矢量蒙版缩略图四周出现黑边框，然后单击"图层"调板中的垃圾桶图标，在弹出的对话框

中单击"确定"按钮，即可删除该矢量蒙版，见下图。

将图层栏中的矢量蒙版直接拖曳到垃圾桶图标上，也可删除该矢量蒙版。

（2）链接

在矢量蒙版缩略图和左侧的图层缩略图之间单击，可以使蒙版与图层链接，此时链接符出现；或者断开链接，此时链接符消失，见下图。与图层形成链接关系的矢量蒙版将与图层随动。

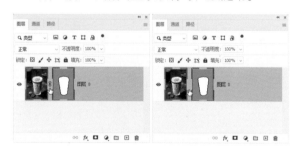

（3）载入矢量蒙版选区

按住 Ctrl 键，将光标移动到矢量蒙版上，单击后，蚂蚁线出现，见下图。

（4）调用矢量蒙版路径

在矢量蒙版上单击，矢量蒙版的路径出现在文档中，见下图。

下面通过一个案例来展示矢量蒙版配合图层的操作。

1 打开素材"AA4"，使用钢笔工具抠选瓶体，见下图。

2 连续两次单击"图层"调板中的蒙版图标，创建矢量蒙版，见下图。

3 确认图层蒙版处于激活状态，选择工具箱中的画笔工具，并设置相关参数，使用画笔工具在瓶子透明处涂抹，直至瓶子的半透明效果呈现，见下图。

6.2.5 混合颜色带

混合颜色带是一种特殊的蒙版类型，通过图像的色阶（明暗度）来决定图像的显隐关系。

1. 调用混合颜色带

混合颜色带在"图层样式"对话框中，双击普通层，弹出"图层样式"对话框显示"混合选项"内容，在右侧设置区的下方，可以看到混合颜色带的两个黑白渐变条，见后图。

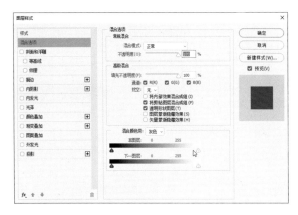

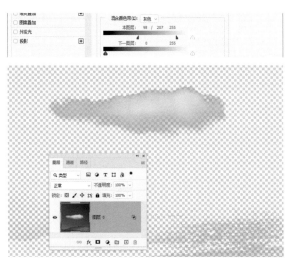

2. 设置混合颜色带

在"混合颜色带"下拉菜单中，可以选择图层图像的灰度色阶和红、绿、蓝选项（如果文档为 CMYK 颜色模式，则此选项为黄、品、青、黑），居于上方的渐变条表示本图层图像 0~255 的色阶，通过拖曳渐变条滑块来隐藏本图层像素。如向右拖曳黑色滑块，居于滑块左侧色阶值的像素都将被隐藏，见下图。

隐藏起来的像素并没有被删除，在混合颜色带中拖曳滑块恢复原位，图像恢复为原样。

居于下方的渐变条表示下图层图像 0~255 的色阶，通过拖曳渐变条滑块，根据下层图像灰阶的分布情况，来隐藏本图层像素。如向右拖曳黑色滑块，居于滑块左侧色阶值的下图层图像将控制上层图像像素被隐藏，见下图。

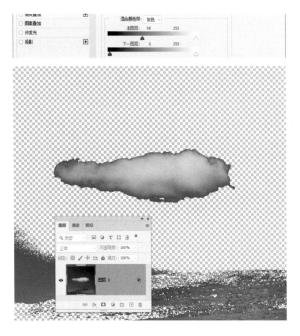

渐变条滑块是可以分开的，按住 Alt 键并拖曳滑块，可将该滑块分成两块，继续拖曳右半块滑块，可以看到隐藏内容周边出现半透明的羽化效果，见后图。

将渐变条滑块分开并继续拖曳，可以看到隐藏内容周边出现半透明的羽化效果，见下图。

6.3 通道

难度 ●●●●●
重要 ●●●●●

Keyword

通道是 Photoshop 核心功能之一，也是初学者最难理解的功能之一。通道用 256 的灰阶来记录图像的颜色信息和选区信息，其中的黑白灰三色在悄悄控制着图像的颜色，因此学习通道就必须理解通道中这三种颜色表达的含义。

6.3.1 初识通道

在 Photoshop 中对图像的处理、编辑、合成等工作，其本质是控制图像文档的每一个像素颜色的变化。通道存储着所有的颜色信息，并将这些颜色信息放在"通道"调板中，通道存在于 Photoshop 的各个角落，如同蒙版悄悄控制图层的显隐一样，通道也在暗中控制图像的颜色。"通道"调板与"图层"调板相似，一栏一栏地将不同的通道陈列其中。人们可以从物理和化学的属性来描述物体，如描述物体的长、宽、高、外形和物体的分子结构，图层和通道也可以理解为以不同的属性来描述图像，图层是图像的"外形"，而通道更像一幅图像的"分子结构"。

不论组成一幅图像的图层有多少，"通道"调板中的记录内容都是当前文档的显示内容，图层的图像如果发生变化，文档显示的图像会变化，通道的内容也随之变化，见下图。

不同的图层内容　　　图层压平的文档显示内容　　　显示内容的通道

1. 不同颜色模式的通道

颜色模式决定了通道的构成，在"通道"调板中可以看到各个颜色模式下的通道构成。LAB 颜色模式的通道由 Lab、明度、a 和 b 构成；RGB 颜色模式的通道由 RGB、红、绿、蓝构成；CMYK 颜色模式的通道由 CMYK、青、品（洋红）、黄、黑构成；灰度颜色模式的通道仅有一个灰色通道；位图颜色模式也仅有一个位图通道；双色调颜色模式的通道由一个通道构成，这个通道的名称将由组成油墨的数量来命名，见下图。RGB 和 CMYK 是最常用的颜色模式，本书也将重点对 RGB 颜色模式的通道进行讲解。

2. 通道的类型

通道的类型大致分为 4 种：颜色通道、Alpha 通道、专色通道、蒙版通道。其中，颜色通道包含复合通道和原色通道，见下图。每一种通道都有各自不同的用途和特点，颜色通道存储图像的颜色信息和选区信息，Alpha 通道存储文档中自行创建的选区信息，专色通道存储印刷专色信息并输出以供印刷使用，蒙版通道用于图层显隐图像。

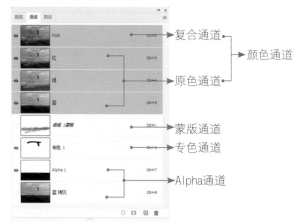

在"通道"调板中，颜色通道默认显示，随着不断编辑文档，可以根据工作的具体要求创建或添加其他类型的通道。

3. 通道常规操作

在"通道"调板中可以完成一些常规操作，如复制、删除等。

（1）显示、隐藏通道

居于"通道"调板中通道栏左侧的眼睛图标用于控制通道的显示或隐藏，当单击眼睛图标时，眼睛图标消失，表示该通道被关闭，文档的显示内容也不会显示该通道的信息，见下图。

当关闭某个原色通道的眼睛图标时，复合通道的眼睛图标也随之消失；如果没有其他类型的通道眼睛图标被开启，复合通道将不能被关闭。

（2）激活通道

默认状态下，所有的颜色通道都处于激活状态，如需选中某个通道，在通道栏中单击即可，此时选中的通道栏为灰显，并且其他的颜色通道眼睛图标被关闭，文档显示变为当前激活通道的内容，见下图。按住 Shift 键可选中多个通道。

当"通道"调板中有其他类型的通道眼睛图标处于开启状态，选中某个通道时将不会关闭其他蒙版的眼睛图标。

（3）复制通道

在通道栏上按住鼠标左键，将其拖曳到新建通道图标 ⊞ 上，即可复制该通道，复制得到的通道为 Alpha 通道，复制得到的通道自动命名为该通道的通道拷贝，且处于激活状态，见下图。

选中通道后，在"通道"调板菜单中执行"复制通道"命令，在弹出的对话框中可以编辑名称，单击"确定"按钮即可复制该通道，见下图。

如果在"复制通道"对话框"目标"区的"文档"下拉列表中选择"新建"选项，在"名称"文本框中输入名称，并勾选"反相"复选框，则可以得到一个黑白颠倒的新文档，见右图与下图。

（4）新建通道

在通道栏上可以新建 Alpha 通道和专色通道。

①新建 Alpha 通道

在"通道"调板下方的新建通道图标上单击，可以创建一个黑色的 Alpha 通道，此时该 Alpha 通道自动处于激活状态，文档显示为该通道内容，见下图。

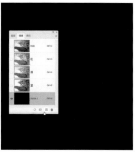

在"通道"调板菜单中执行"新建通道"命令，在弹出的对话框中输入通道名称，设置通道在文档中的显示颜色和颜色覆盖的区域，单击"确定"按钮即可创建新通道，见下图。

按住Alt键并单击"通道"调板下方的新建通道图标，也可创建新通道。

②新建专色通道

在"通道"调板菜单中执行"新建专色通道"命令，在弹出的对话框中输入通道名称，油墨特性用于设置通道在文档中的显示颜色和该显示颜色的不透明度，单击"确定"按钮即可创建专色通道，见下图。

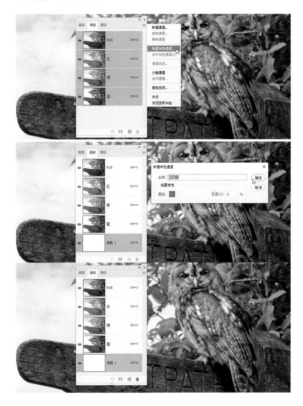

按住Ctrl键并单击"通道"调板的新建通道图标，也可创建专色通道。

"新建专色通道"和"新建通道"对话框中的颜色仅用于在文档中的显示，单击后可在弹出的拾色器对话框中选择颜色，见右图。

（5）删除通道

选中通道之后，在"通道"调板菜单中执行"删除通道"命令，即可删除该通道，见下图。

选中某一个或多个通道，单击"通道"调板中的垃圾桶图标（或将通道拖曳到垃圾桶图标上），在弹出的对话框中单击"是"按钮，也可删除通道，见下图。

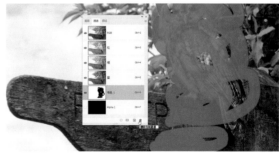

如果删除的是原色通道，将会改变文档的图像颜色模式为多通道，见下图。

（6）存储选区为通道

将选区存储为通道是最常用的操作之一，当在文档中建立了选区之后，单击"通道"调板中的存储选区图标，即可将选区存储为 Alpha 通道，见下图。

如果文档中没有建立选区，则"通道"调板中的存储选区图标为灰显，表示不能单击应用。

按住 Alt 键，单击"通道"调板中的存储选区图标，弹出"新建通道"对话框，选择"被蒙版区域"或"所选区域"单选按钮，会得到黑白反相的通道，单击"确定"按钮，即可将选区存储为 Alpha 通道，见下图。

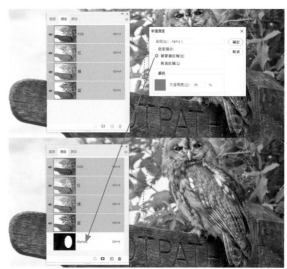

文档中建立的选区还可以存储为专色通道，执行"通道"调板菜单中的"新建专色通道"命令，可将选区存储为专色通道，见右图。

180

（7）载入通道选区

载入通道选区也是最常用的操作之一，"通道"调板中所有通道的选区都可被载入生成选区，如载入复合通道的选区。确认复合通道为激活状态，单击"通道"调板下方的载入需求图标，蚂蚁线出现在文档中，复合通道的选区信息被载入，见下图。

载入通道选区更便捷的方法是，按住 Ctrl 键将光标移动到通道缩略图上，光标变为 🖑 时单击，即可载入该通道的选区，见下图。

（8）分离通道

可以将通道分离成多个灰度的图像，图像的名称自动命名为原图像文件名加通道名的组合，见下图。

分离通道为单独文档后，这几个灰度图可重新组合成图像的通道。先激活某个灰度图，然后在"通道"调板菜单中执行"合并通道"命令，在弹出的对话框中设置合并后图像的颜色模式，单击"确定"按钮，在新弹出的对话框中设置灰度图指定为何种通道，单击"确定"按钮，合并完成，见下图。

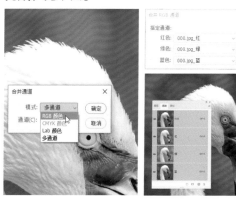

6.3.2 通道颜色

通道上仅有黑白灰三种颜色。通道使用这三种颜色来表示图像的各种颜色信息和选区信息，可以通过工具或者命令来编辑通道的内容，从而达到调整图像颜色和修改选区的目的。

1. RGB通道

（1）RGB 通道与颜色的关系

RGB 颜色模式的通道分为 1 个复合通道和 3 个原色通道，不论图像中有多少种颜色，这些颜色都是 RGB 三个原色通道按不同的比例关系混合而成的。复合通道缩略图为当前图像的文档显示内容，每一个原色通道记录红绿蓝的原色信息。

通道使用 0~255 的 256 个灰阶来记录图像的颜色信息，通道中的黑色色阶值 0 表示该通道没有颜色，128 的中间灰色表示该通道有部分颜色，255 的白色表示颜色含量最多；在通道中颜色的含量越多，通道越亮（白）。例如，观察红色图像的通道颜色，可以看到红通道为白色，绿通道和蓝通道都为黑色，见下图。

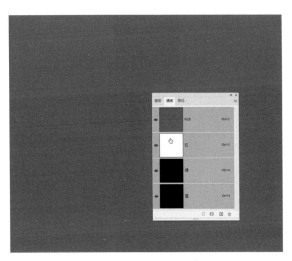

在通道黑白灰三色与图像颜色建立认知关系之后，可以通过图像的颜色判断出原色通道的黑白灰三色的分布，也就能通过通道的黑白灰分布来准确判断出图像的颜色。例如，看到红花绿叶的图像，就可以准确地描述通道的样子，见下图。

红通道　　　绿通道　　　蓝通道

Tips

RGB颜色模式是色光加色的模式，即模拟R、G、B 三个色光的混合叠加来形成多种颜色。想象在一个暗室里（这样保证没有其他光源干扰），分别照射255强度的R、G、B三个色光在墙上的同一个地方，在光源前放置一个遮片，黑色是不透光区域，白色表示完全透光，灰色表示能透过部分光，穿过遮片的色光会在墙上进行混合叠加从而形成颜色，即我们看到的彩色图像，见下图。

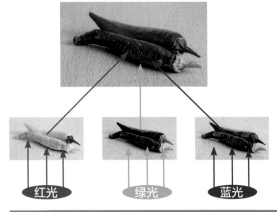

红光　　　绿光　　　蓝光

（2）RGB 通道与选区的关系

RGB 的复合通道和原色通道都包含选区信息，载入通道的选区（如红通道），蚂蚁线出现在文档中，按Ctrl+J快捷键，复制选区内容到新图层，可以看到红色图像被复制到新图层，见下图。

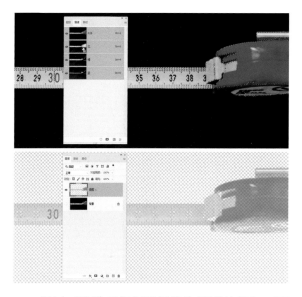

通过对比选区复制到图像和通道的颜色，可以看到通道白色是选区内，黑色是选区外，灰色表示半选选区，见下图。

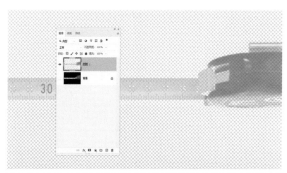

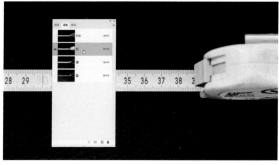

通道颜色与图像颜色、选区的对应关系总结见下图。

通道颜色	黑色	灰色	白色
图像颜色	无色	淡色	有色
选区	不选	半选	全选

2. CMYK通道

（1）CMYK 通道与颜色的关系

CMYK 也是常用的颜色模式，通道使用范围在 0~100% 内的灰阶来记录图像的颜色信息。CMYK 的图像文档包含 5 个通道：1 个复合通道和 4 个原色通道。CMYK 通道记录颜色的方式与 RGB 相反，越黑的地方表示颜色含量越多，黑色表示颜色含量最多，灰色表示有部分颜色，白色表示没有颜色。黄色的像素在黄通道中为黑色，其他为白色；红色的像素在洋红通道和黄通道中为黑色，其他为白色，见下图。

CMYK颜色模式是色料减色的模式，即模拟4个油墨的混合叠加来形成多种颜色。想象在白纸上放置一张遮片，用青色油墨墨辊碾过，遮片黑色区域吸收青色油墨，并传递到纸上显示青色；白色区域没有油墨，显示为纸张的白色；灰色区域传递部分油墨显示淡青色；在同样位置使用同样方法印上其他几种油墨，于是在纸上就能看到五颜六色的图像，见下图。

（2）CMYK 通道与选区的关系

CMYK 的复合通道和原色通道都包含选区信息，载入通道的选区（如红通道），蚂蚁线出现在文档中，按Ctrl+J快捷键，复制选区内容到新图层，可以看到黄色图像没有被复制到新图层，见下图。

通过对比选区复制到图像和通道的颜色，可以看到通道中白色表示全选，黑色表示不选，灰色表示半选，见下图。

通道颜色与图像颜色、选区的对应关系总结见下图。

3. 编辑通道颜色

编辑颜色通道：Photoshop 提供了很多命令用于编辑通道颜色，如色阶、曲线等。因为通道是一幅黑白灰的图像，因此常用的一些编辑颜色的工具也可以直接对原色通道进行编辑，如画笔工具。选择工具箱中的画笔工具，选中一个原色通道（该图像仅有一个背景层），然后在原色通道中进行涂抹，切换到复合通道显示模式，可以看到颜色发生变化。

对颜色通道的编辑修改，其本质就是编辑图像的颜色，因为通道中每一个像素明暗的改变，都会直接影响图像的颜色。

打开任意颜色调整命令，都可看到通道色的身影，如色阶命令，可选择某个通道进行编辑，从而调整图像的颜色，见下图。

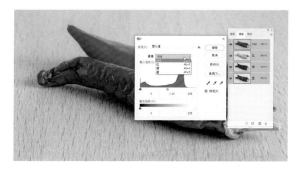

编辑 Alhpa 通道：编辑 Alhpa 通道，其本质是编辑、创建选区。蒙版是通道的一种，因此所有蒙版的编辑方法，都可用于编辑 Alpha 通道。

直接使用工具编辑原色通道，原色通道受图层影响，因此绘制的颜色只能在有图像的区域，透明区域则无法着色，见下图。

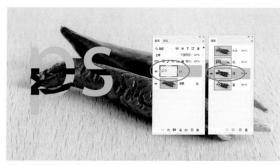

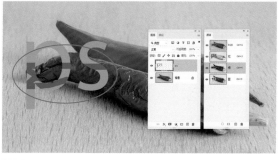

4. 通道高级应用

（1）应用通道选取图像亮调、暗调、中间调

图像的亮调、暗调、中间调用于分区调整颜色，这三个色阶没有明显的分界线，因此常用的方法很难直接选取，下面通过小案例介绍操作方法。

1 打开素材"AA5"，按住 Ctrl 键并在复合通道单击，载入该通道的选区，见下图。

2 单击存储为通道图标，得到 Alpha1 通道，该通道为图像的高光区，见下图。

3 选中 Alpha1 通道，切换到单通道显示模式，文档显示内容为该通道信息，Alpha 通道黑色为全选，白色为不选，见下图。

选择暗调的操作方法如下。

1 复制一个高光区 Alpha1 通道，得到 Alpha1 拷贝通道，见下图。

2 按 Ctrl+I 快捷键，反相该通道，反相之后的通道为暗调的选区信息，见下图。

选择中间调的操作方法如下。

1 再复制一个高光区 Alpha1 通道，得到 Alpha1 拷贝 2 通道，见下图。

2 载入 Alpha1 拷贝通道选区信息，见后图。

3 按 Shift+F5 快捷键，填充黑色；按 Ctrl+D 快捷键取消选区，见下图。

4 按 Ctrl+I 快捷键，反相该通道，所得的 Alpha1 拷贝 2 通道为中间调选区，见下图。

5 载入中间调 Alpha1 拷贝 2 通道的选区，会弹出警告对话框，单击"确定"按钮即可载入选区，见下图。

（2）计算命令

计算命令是最难的命令之一，计算命令将复杂的一系列功能打包到一个命令中。要用好这个命令，需要掌握通道、图层、蒙版、混合模式的原理，通过计算命令可以创造一个非常复杂的 Alpha 通道（或选区）。

在图层章节中介绍到应用了混合模式的两个图层之间，可以得到奇异的效果。如果将混合模式应用到通道之间，那么得到的新通道也一定丰富多彩，因此计算就是通道应用混合模式、经混合计算后得到通道的命令。

执行"图层 > 计算"命令，弹出"计算"对话框，源 1 和源 2 用于选择同尺寸的不同文档；图层用于选择文档中的不同图层；通道选项包含文档所有的通道，其中灰色表示复合通道的黑白效果；结果用于选择将计算好的结果色生成通道、文档或者选区；不透明度用于控制源 1 的不透明程度；反相用于将通道图像的黑白颠倒，见下图。

既然计算命令可以看成图层混合模式的通道版，那么计算也应该与图层一样，有混合层、基层和结果色。使用两个已经制作好的图素材"AA7"和"AA8"，来对比将会得出答案，其中 AA8 的两个图层取自 AA7 的通道，为了便于观察，AA8 图层的名称也对应着 AA7 的通道，见后图。

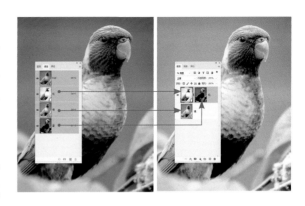

将 AA8 的图层混合模式设置为排除，将"不透明度"设置为 90%，文档显示发生变化，见下图。

在 AA7 的"计算"对话框中，设置"源 1"和"源 2"为 AA7 文档，"图层"默认为背景，源 1 的"通道"为红，源 2 的"通道"为绿，"混合"为排除，"不透明度"为 90%，"蒙版"区的"图像"为 AA7 文档，"图层"默认为背景，"通道"为蓝，"结果"为新建通道，见下图。

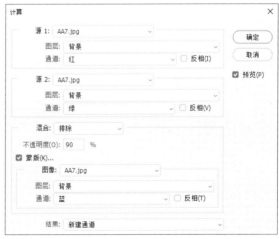

单击"确定"按钮，创建的新通道 Alpha1 出现在"通道"调板中，该通道与 AA8 的图层混合模式显示外观一致，见下图。

通过对比得知，"计算"对话框中的源 1 相当于图层的混合层，源 2 相当于基层，蒙版相对混合层的蒙版，不透明度相当于混合层的不透明度，结果相当于结果色，在"计算"对话框中勾选"反相"复选框表示将通道黑白反相，见下图。

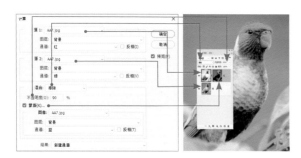

Tips

将通道应用到蒙版是非常实用的技巧，对一些复杂选区和半透明的物体，可以很好地进行抠选，如婚纱、水花等。选择一个反差较大的原色通道，载入其选区，然后回到图层，通过选区创建蒙版即可完成，见下图。

使用计算命令也可以选择图像的亮调、暗调、中间调，通过设置不同的选项，可以分别选择不同的色阶，见下图。

07 颜色调整

平面设计师在日常工作中需要控制和调整图像的颜色，Photoshop给设计师提供了强大的支持，各种灵活的命令可以帮助设计师顺利地完成工作。设计师不仅要熟悉调色命令的用法，还要掌握最基本的颜色常识，这样才能知其然又知其所以然。

任务名称：车行卡招贴
尺寸要求：596mm×421mm
知识要点：颜色理论基础、色阶、曲线、色相、饱和度
本章难度：★ ★ ★ ★ ★

7.1 车行卡招贴

难度 •••••
重要 •••••

①本招贴为印刷品，因此分辨率设置为 300 像素 / 英寸。

②绘制草图，然后根据需要寻找或者拍摄所需素材。

③将素材在软件中抠选合成，使用蒙版让合成效果更精细，对图像进行调色，
使图像色彩和光影更加协调统一。

④存储并输出合适的文档格式。

01 在 Photoshop 中按 Ctrl+N 快捷键，在弹出的对话框中设置文档的名称为"车行卡招贴"，再设置尺寸、分辨率、颜色模式，得到一个新的文档，见右图。

参数：宽度为596毫米，高度为421毫米，分辨率为300像素/英寸，RGB颜色模式，背景内容透明，其余默认。

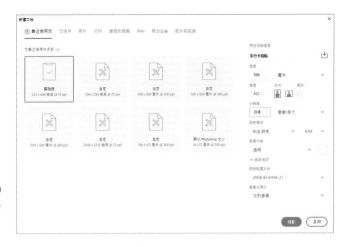

02 按 Ctrl+O 快捷键，在相应文件夹中找到"S01"素材，打开该素材，按 Ctrl+A 快捷键全选图像，再按 Ctrl+C 快捷键复制图像，见下图。

03 切换到"车行卡招贴"文档，按 Ctrl+V 快捷键，图像被粘贴到新文档中，见下图。

04 按 Ctrl+O 快捷键，在相应文件夹中找到"S02"素材，打开该素材，使用矩形工具框选图像，按 Ctrl+C 快捷键，见下图。

05 切换到"车行卡招贴"文档，按 Ctrl+V 快捷键，图像被粘贴到新文档中；再次按 Ctrl+V 快捷键，粘贴同样的图像，见下图。

06 使用移动工具平移图层 3 到合适位置，在该图层上添加蒙版，使用黑色笔刷的画笔工具在蒙版上涂抹，使图层 2 与图层 3 无痕迹拼合，见下图。

07 选中图层 2 和图层 3，单击"图层"调板中的链接图标，使两个图层形成链接关系，见右图。

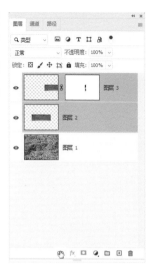

08 单击"图层"调板中的新建组图标，使两个图层形成组 1，见下图。

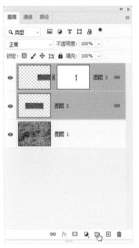

09 按 Ctrl+T 快捷键，调整图像的大小、旋转角度、斜切等，调整完成后，按 Enter 键确认，见下图。

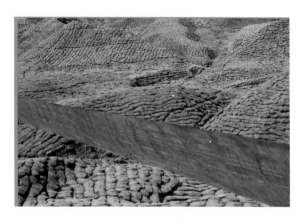

10 确定当前组 1 为激活状态，单击"图层"调板中的蒙版图标，见右图。

11 为组 1 添加白色蒙版，见右图。

12 使用黑色画笔，调整其笔刷大小和硬度，在组 1 的蒙版上涂抹，见下图。

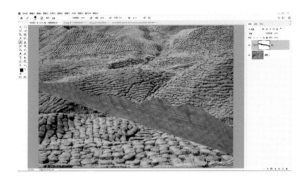

13 单击"图层"调板中的调整图层图标，在弹出的菜单中执行"曲线"命令，见右图。

14 将弹出的"属性"调板中的曲线向下拉，然后单击调板下方的剪贴蒙版图标，见右图。

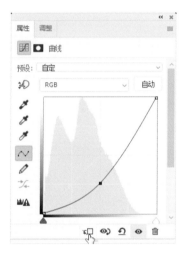

15 组 1 图像变暗，见下图。

16 确定调整图层的蒙版为激活状态，按 Ctrl+I 快捷键，蒙版显示为黑色，见右图。

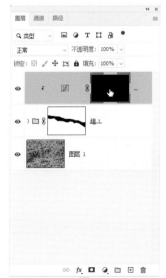

17 使用白色的笔刷，设置相应的不透明度、笔刷大小和硬度，在蒙版的相应区域涂抹，见下图。

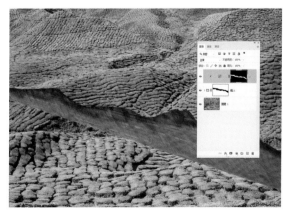

18　打开素材"S05"，按 Ctrl+A 快捷键全选图像，然后按 Ctrl+C 快捷键复制图像，见下图。

19　切换到"车行卡招贴"文档，按 Ctrl+V 快捷键粘贴图像，得到图层 4，使用移动工具将图像移动到合适位置，见下图。

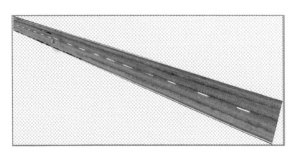

20　在图层 4 上添加白色蒙版，使用黑色画笔在相应位置涂抹，见下图。

21　打开素材"S03"，按 Ctrl+A 快捷键全选图像，然后按 Ctrl+C 快捷键复制图像，见下图。

22　切换到"车行卡招贴"文档，按 Ctrl+V 快捷键粘贴图像，得到图层 5，使用移动工具将图像移动到合适位置，按 Ctrl+T 快捷键，调整其大小和角度，见下图。

23　打开素材"S04"，按 Ctrl+A 快捷键全选图像，然后按 Ctrl+C 快捷键复制图像，见下图。

24　切换到"车行卡招贴"文档，按 Ctrl+V 快捷键粘贴图像，得到图层 6，使用移动工具将图像移动到合适位置，按 Ctrl+T 快捷键，调整其大小、角度和透视，见下图。

25　单击"图层"调板中的创建新图层图标，得到图层 7，将图层 7 移动到图层 6 下方，见右图。

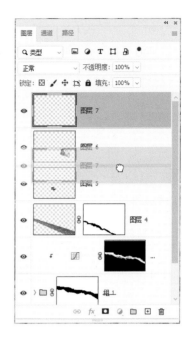

26　使用黑色画笔，调整其不透明度、笔刷大小和硬度，在图层 7 相应位置涂抹，绘制出卡片的阴影效果，见下图。

27　将图层 7 的混合模式设置为正片叠底，见右图。

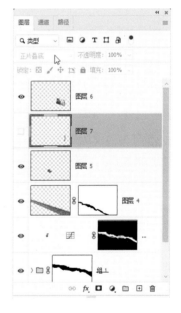

28　对各个图层图像进行微调，使整体的拼合效果更好，设计完成之后将其存储为 PSD 格式，见右图。

7.2 颜色知识

难度 ●●●●●
重要 ●●●●●

Keyword

　　对 Photoshop 进行的所有操作，其本质都是操控像素和颜色，因此掌握最基本的颜色常识，才能真的理解 Photoshop 的核心内容。

7.2.1 颜色常识

1. 人脑中的颜色

　　颜色的形成是由于人们大脑对不同频率光波的感知。光波也是电磁波，太阳光中包含低频到高频的所有电磁波，频率越高的光波波长越短，频率越低波长越长，人眼只能看到 380~780 纳米 (nm) 之间的光波，这段波长的光称为可见光，根据波长长短排序依次为红、橙、黄、绿、青、蓝、紫，见下图。

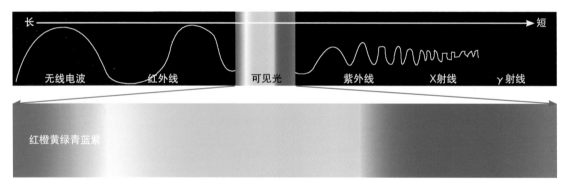

　　颜色的形成是三个因素共同作用的结果：光源、物体和人。光源 (太阳光) 发射光 (RGB)，光照射到物体上，物体 (CMYK) 吸收部分光并反射部分光，反射的光照射到人眼里的感光细胞上，然后经由视神经形成三组脉冲信号 (Lab)，最终在人脑中形成颜色感觉，下图是人形成颜色感觉的整个过程，这个过程也对应着 Photoshop 中三个重要的颜色模式：RGB、CMYK、Lab。

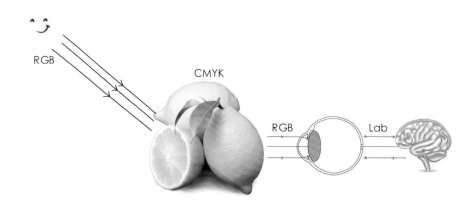

经过不断探索和研究，人们发现人眼的视网膜上分布着分别感应红、绿、蓝三色光的椎体细胞，还分布着在弱光环境下提供视觉的杆体细胞。光线进入人眼刺激三色椎体细胞，椎体细胞收集的光信号被神经元转换为三组对抗脉冲信号，分别是亮 - 暗、黄 - 蓝、红 - 绿，见下图。

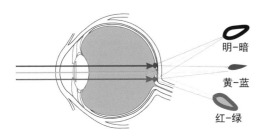

同时，在研究中人们还发现红 (R)、绿 (G)、蓝 (B) 三色光可以混合出大部分色光，R+G=Y(黄)，R+B=M(洋 红)，B+G=C(青)，R+G+B=W(白)，因此太阳光也可视为由三色光叠加而成，见下图。

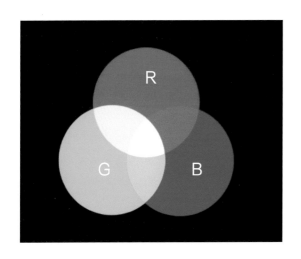

综上所述，颜色是客观的，有光和物体我们才能看到颜色；颜色也是主观的，因为对颜色的感受因人而异。人们将颜色分为无彩色和彩色，无彩色是从白到黑的所有灰色，彩色是除无彩色外的各种颜色。人们从色相、饱和度、明度三个方面来描述颜色，它们也是颜色的三个属性，见后图。

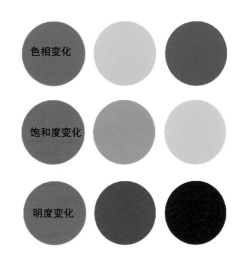

色相也称为色调，是颜色的相貌，也是人对不同波长光产生的感受，如红色、绿色、蓝色等，需要注意的是无彩色没有色相。饱和度是指颜色的纯度，即颜色鲜艳程度，某个颜色中包含其他的颜色越少，纯度越高，颜色越鲜艳。明度是颜色的明暗程度，即物体反射光的强度，在同一光源下的不同物体，反射光比较多的比反射少的显得亮；同一物体在不同的光源下，较亮的光源比较暗的光源反射强度高，因此物体显得较亮，见下图。

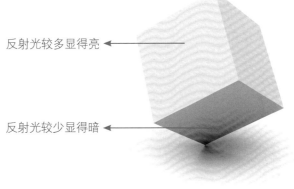

反射光较多显得亮 ←

反射光较少显得暗 ←

2. 计算机中的颜色

人们在描述颜色的时候通常只能模糊定义颜色，如蔚蓝的天空、碧绿的湖水等。为了更加精确地定义颜色，人们设计了多种描述颜色的颜色模型，从而使颜色数据化，每种模型都有一个颜色范围即形成了一个色彩空间（色域），在色彩空间中不同位置分别对应一个颜色。在计算机中使用某种颜色模型来定义颜色就是图像的颜色模式，如常用的 Lab 颜色模式、RGB 颜色模式、CMYK 颜色模式等。

Lab 颜色模型是基于人类对颜色的感觉建立的模型，所有颜色在该模型中都有对应位置，因此该模型的色域是最大的。L 表示明度即颜色明暗变化，a 表示红绿对抗色，b 表示黄蓝对抗色。Lab 颜色模式的通道可拆分为明度通道、a 通道、b 通道，由于该模式将图像明暗与颜色拆分，因此利用该特点调整某些图像的颜色可以得到很好的效果，见下图。

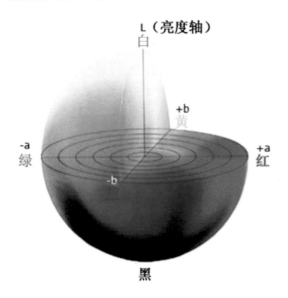

RGB 颜色模型是基于色光的混合叠加建立的模型，色域比 Lab 的小，RGB 分别表示红绿蓝三色，应用该模型的图像颜色模式称为 RGB 颜色模式。图像中的所有颜色都是由这三个颜色混合得到的，增加这三色光的含量，图像的颜色会越来越亮，因此该颜色模式称为色光加色模式，RGB 颜色模式的通道可拆分为红通道、绿通道和蓝通道，见后图。

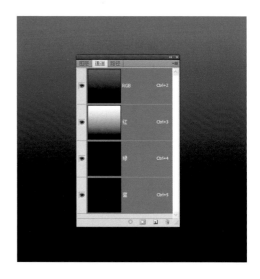

CMYK 颜色模型是基于印刷油墨合成效果建立的颜色模型，色域比 RGB 的小，应用该模型的图像颜色模式称为 CMYK 颜色模式。CMYK 分别表示青、品（洋红）、黄、黑，CMY 称为色料三原色。图像中的所有颜色都是由这三种颜色混合得到的，逐渐增加这三种油墨墨量，油墨吸收的光也逐渐增多，反射的光变少，于是颜色也逐渐变暗，因此该颜色模式称为色料减色模式。理论上，当三种油墨最大时显示为黑色，但是由于油墨纯度等因素，只能得到棕褐色，因此为了得到更好的印刷效果和减少成本，在 CMY 的基础上添加了黑色 (K)。CMYK 颜色模式的通道可拆分为青通道、洋红通道、黄通道和黑通道，取值范围为 0~100，数值越大，表示墨量越多，颜色越暗，见下图。

将颜色模型横向剖开可以得到一个横截面，这个横截面称为色轮，在色轮中沿圆心旋转表示色相(H)的变化，色轮的半径方向表示饱和度(S)的变化，色轮的轴向表示明暗(B)变化。

色轮是研究颜色的非常好的工具，在色轮上可以看到颜色的以下三个关系。

相位关系：颜色在色轮中的位置，如红色在色轮中的0°(360°)位置，黄色为60°，绿色为120°。

合成关系：色轮中每个颜色都可以通过其相邻的两个颜色合成得到，如黄=绿+红、青=绿+蓝等。

相反色(互补色)关系：色轮中以原点对称的颜色称为相反色(互补色)，如红色的相反色为青色、蓝色的相反色为黄色。

色轮图的绘制方法如下。

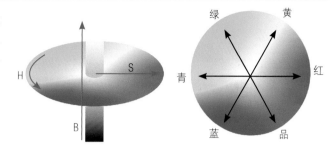

1 创建一个新文档，参数是：宽度、高度都为256像素，颜色模式为RGB；背景内容为透明；其余选项为默认，见下图。

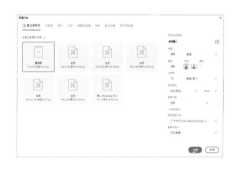

2 使用椭圆选择工具，按住Shift键，在文档中绘制一个正圆，见右图。

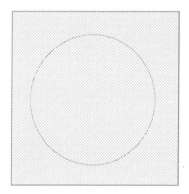

3 选择工具箱中的渐变工具，在渐变类型中选择角度渐变，在编辑渐变中选择光谱，见下图。

4 按住Shift键，移动光标至选区中心点，向左水平拖曳，松开鼠标左键后，得到渐变图像，见右图。

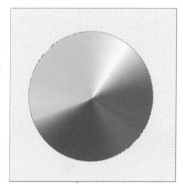

7.2.2 颜色模式

颜色模式(图像模式)决定了图像使用何种颜色模型,并通过该模型的通道数量来合成并显示颜色。不同的颜色模式会导致不同的颜色细节和不同的文件大小;不同的颜色模式应用于不同的产品中。

Photoshop 的颜色模式有:RGB、CMYK、索引、灰度、位图等,见下表和下图。

颜色模式	①RGB	②CMYK	③Lab	④多通道
使用频率	★★★★★	★★★★	★★	★
颜色数量	数百万种颜色	4种印刷色	人眼可见所有色	多色
图像用途	计算机、手机、电视显示	印刷	转换中介、特殊调色	印刷

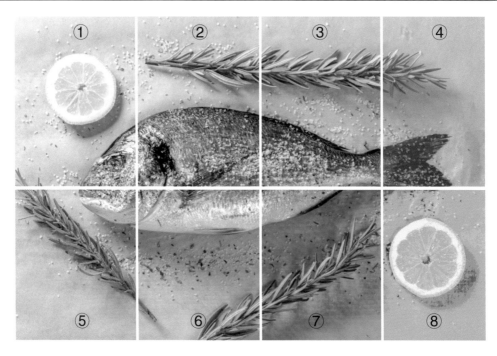

颜色模式	⑤索引	⑥灰度	⑦双色调	⑧位图
使用频率	★	★★★	★	★★
颜色数量	256种颜色	256级灰度	1~4种油墨	2种颜色
图像用途	电脑、手机、电视显示	显示和印刷	转换中介、特殊调色	印刷

🖑Tips

颜色模式可以根据图像的用途自行设置或者转换,如在新建文档时,设置图像的颜色模式;如需转换模式,在"图像>模式"菜单中进行选择即可。模式选项中出现勾选图标,表示图像文档当前使用的模式;如选项显示为灰显,表示当前使用的颜色模式不能直接转换为灰显模式,见右图。

（1）RGB 颜色模式

Photoshop RGB 颜色模式使用 RGB 模型，并为每个像素分配一个强度值。在 8 位 / 通道的图像中，彩色图像中的每个 R、G、B（红色、绿色、蓝色）分量的强度值范围为 0（黑色）~255（白色）。例如，亮红色使用 R 值 246、G 值 20 和 B 值 50，见下图。当这 3 个分量的值相等时，结果色是中性灰；当所有分量的值均为 255 时，结果色是纯白色；当值都为 0 时，结果色是纯黑色。

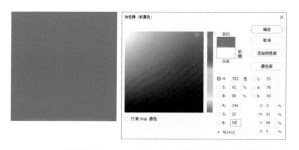

RGB 图像使用三种颜色或通道在屏幕上重现颜色。在 8 位 / 通道的图像中，这三个通道将每个像素转换为 24（8 位 / 通道 x3 通道）位颜色信息。对 24 位图像，这三个通道最多可以重现 1670 万种颜色。对 48 位（16 位 / 通道）和 96 位（32 位 / 通道）图像，每像素可重现更多的颜色。新建 Photoshop 图像的默认模式为 RGB，计算机显示器使用 RGB 模型显示颜色，这意味着在使用非 RGB（如 CMYK）颜色模式时，Photoshop 会将 CMYK 图像转换为 RGB 图像，以便在屏幕上模拟 CMYK 颜色模式的显示颜色。显示器上的模拟显示颜色与真实印刷色可能会有较大区别，因此印刷工作者应该做好色彩管理工作，尽可能保证显示色与印刷色保持一致。

尽管 RGB 模型是标准颜色模型，但是其所表示的实际颜色范围仍因应用程序或显示设备而异。Photoshop 中的 RGB 颜色模式会根据"颜色设置"对话框中指定的工作空间设置而不同。

（2）CMYK 颜色模式

在 CMYK 颜色模式下，可以为每个像素

的每种印刷油墨指定一个百分比值，范围为 0~100。为最亮（高光）颜色指定的印刷油墨颜色百分比值较低；而为较暗（阴影）颜色指定的百分比值较高。例如，亮红色可能包含 2% 青色、93% 洋红、90% 黄色和 0% 黑色，见下图。在 CMYK 图像中，当 4 种分量的值均为 0% 时，就会产生纯白色。

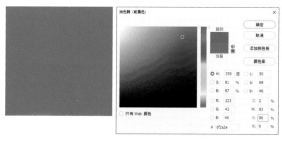

在制作要用印刷色打印的图像时，应使用 CMYK 颜色模式。将 RGB 图像转换为 CMYK 图像会产生分色。如果从 RGB 图像开始，则最好先在 RGB 颜色模式下编辑，然后在编辑结束时转换为 CMYK 图像。在 RGB 颜色模式下，可以使用"校样设置"命令模拟转换 CMYK 后的效果，而无须更改实际的图像数据。也可以使用 CMYK 颜色模式直接处理从高端系统扫描或导入的 CMYK 图像。

尽管 CMYK 模型也是标准颜色模型，但是其准确的颜色范围随印刷和打印条件而变化。Photoshop 中的 CMYK 颜色模式会根据"颜色设置"对话框中指定的工作空间设置而不同。

（3）Lab 颜色模式

CIE Lab 模型基于人对颜色的感觉。Lab 模型中的数值描述正常视力的人能够看到的所有颜色。因为 Lab 描述的是颜色的显示方式，而不是设备（如显示器、桌面打印机或数码相机）生成颜色所需的特定色料的数量，所以 Lab 模型被视为与设备无关的颜色模型。色彩管理系统使用 Lab 作为色标，将颜色从一个色彩空间转换到另一个色彩空间。

Lab 颜色模式的亮度分量 (L) 范围是 0~100。在 Adobe 拾色器和"颜色"调板中，a 分量（绿色 - 红色轴）和 b 分量（蓝色 - 黄色轴）的范围是 +127~-128，见下图。

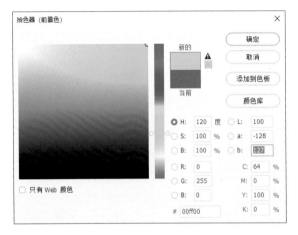

Tips

Lab 图像可以存储为 Photoshop、Photoshop EPS、大型文档格式、PDF、Raw、TIFF、DCS 1.0 或 DCS 2.0 格式。48 位（16 位 / 通道）Lab 图像可以存储为 Photoshop、大型文档格式、PDF、Raw 或 TIFF 格式。

注意：在打开文件时，DCS 1.0 和 DCS 2.0

格式会将文件转换为 CMYK 图像。

（4）灰度模式

灰度模式在图像中使用不同的灰度级。在 8 位图像中，最多有 256 级灰度。灰度图像中的每个像素都有一个 0（黑色）~255（白色）之间的亮度值。在 16 和 32 位图像中，图像的级数比 8 位图像要大得多。灰度值也可以用黑色油墨覆盖的百分比来度量（0% 等于白色，100% 等于黑色）。

当彩色模式（如 RGB、CMYK) 的图像转换为灰度模式时，会弹出"信息"对话框，单击"扔掉"按钮即可，见下图。

（5）位图模式

位图模式使用两种颜色值（黑色或白色）之一表示图像中的像素。位图模式下的图像被称为位映射 1 位图像，因为其位深度为 1。位图模式只能与灰度模式互相转换，见下图。

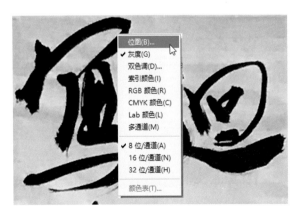

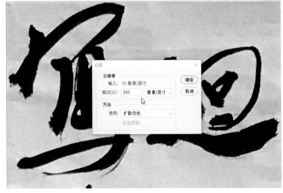

在"位图"对话框的"输出"文本框中设置的分辨率越高，图像的尺寸会越大，具体的参数设置应根据需要进行设置，可以选择在1200~2400像素/英寸之间，见右图。

在"位图"对话框中的"方法"区，"50%阈值"表示以50%灰色为界，较亮的灰色变成白色，较暗的变为黑色；"图案仿色"用于得到黑白相间的图案效果；"扩散仿色"用于产生颗粒状效果；"半调网屏"用于产生印刷挂网网点的效果；自定图案用于让设置的图案来填充黑白色，见右图。

50% 阈值	图案仿色	扩散仿色	半调网屏	自定图案

（6）双色调模式

色调模式由灰度模式直接转换得到，常用于印刷，其中包含"单色调"、"双色调"、"三色调"和"四色调"四种类型。应用该模式可以得到几种油墨混合叠加的效果，见下图。

"双色调选项"对话框中的"类型"用于设置油墨的种类,如选择双色调,下方的两个油墨被激活,可以根据需要设置该油墨,见下图。

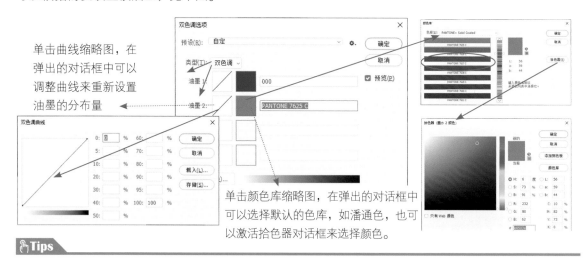

单击曲线缩略图,在弹出的对话框中可以调整曲线来重新设置油墨的分布量

单击颜色库缩略图,在弹出的对话框中可以选择默认的色库,如潘通色,也可以激活拾色器对话框来选择颜色。

Tips

双色调模式的图像在印刷中的运用

在实际工作中,可能需要设计只有两种特殊油墨的印刷品,可以将图像设置为双色调模式后置入InDesign中,InDesign色板会自动添加这两种油墨,版面中的文字和色块都设置为这两种油墨,以保证印刷品只有这两种油墨,见右图。

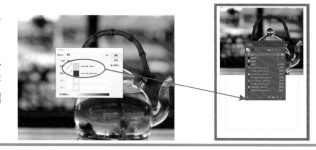

(7)索引颜色模式

索引颜色模式可生成最多 256 种颜色的 8 位图像文件。当转换为索引颜色模式时,Photoshop 将构建一个颜色查找表 (CLUT),用于存放并索引图像中的颜色。如果原图像中的某种颜色没有出现在该表中,则程序将选取最接近的一种,或使用仿色以现有颜色来模拟该颜色。

尽管其调色板有限,但索引颜色能够在保持多媒体演示文稿、Web 页面等所需的视觉品质一致的同时,减少文件大小。在这种模式下只能进行有限的编辑。要进一步进行编辑,应临时转换为 RGB 颜色模式。索引图像可以存储为 Photoshop、BMP、DICOM(医学数字成像和通信)、GIF、EPS、大型文档格式、PCX、PDF、Raw、Photoshop 2.0、PICT、PNG、Targa 或 TIFF 格式。

(8)多通道模式

多通道模式图像在每个通道中包含 256 个灰阶,对特殊打印很有用。多通道模式图像可以存储为 Photoshop、大文档格式、Photoshop 2.0、Raw 或 DCS 2.0 格式。

当将图像转换为多通道模式时,可以使用下列原则。

• 由于图层不受支持,因此采用拼合后的图像。

• 原始图像中的颜色通道在转换后的图像中将变为专色通道。

• 将 CMYK 图像转换为多通道模式,可以创建青色、洋红、黄色和黑色专色通道。

- 将 RGB 图像转换为多通道模式，可以创建青色、洋红和黄色专色通道。
- 从 RGB、CMYK 或 Lab 图像中删除一个通道，可以自动将图像转换为多通道模式，从而拼合图层。
- 要导出多通道图像，需以 DCS 2.0 格式存储图像。

下图是各模式图像转换为多通道模式后的通道。

RGB图像转为多通道模式

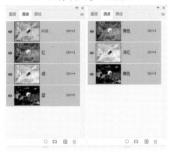

CMYK图像转为多通道模式

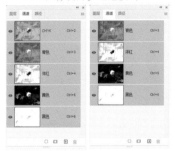

灰度图像转为多通道模式

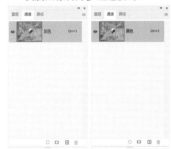

7.3 图像颜色的调整

难度 ●●●●●
重要 ●●●●●

Keyword

  Photoshop 中提供了很多命令用于颜色调整，如色阶、曲线、色相、饱和度等，合理使用这些命令可以使图像的颜色更符合设计要求。调色是 Photoshop 最重要的技能，无论是为了图像色彩更加绚丽，还是为了合成图像时各图像之间的颜色更匹配，或是为了印刷图像更符合印刷要求，都需要了解、掌握各种调色命令和调色技巧，见下图。

为"好看"调色

为"合成"调色

为"印刷"调色

7.3.1 图像质量三要素

图像的质量，尤其是用于印刷的图像质量，评判主要从三个要素入手：层次、清晰度和颜色。正确判断和处理图像的这三个要素，才能精确地控制图像的质量，印刷是一个精细的色彩还原过程，只有前期图像的质量到达印刷要求，才能得到高质量的印刷品。

1. 图像的层次

图像的层次是指图像从明到暗的灰度级别，图像的层次越丰富，其细节越多，质量就越高。图像获取设备是层次多少的决定因素，层次无法使用软件后天获取，如专业数码相机比普通相机获取的层次更多，高端扫描仪比低端扫描仪获取的层次更多；在图像的获取过程中，操作人员的专业技能也会影响层次获取的多少，见下图。

我们对图像颜色的任何调整，都会或多或少破坏原图的层次，在调整时要注意观察图像的层次变化，尤其是图像的暗调区域和亮调区域的层次，尽可能保留图像的原始层次，见下图。

2. 图像的清晰度

图像的清晰度是指图像清晰、模糊的程度，即图像的边缘与背景环境分界是否明显，使用 Photoshop 可以有限改善图像的清晰度，调整清晰度的过程也会造成图像层次损失，见下图。

调整图像的清晰度有三种方法：直接锐化法、锐化明度通道法和图层叠加法。

直接锐化法：保持图像的原始颜色模式，使用锐化滤镜直接对图像进行锐化处理，如使用 USM 锐化滤镜处理图像，见后图。

锐化明度通道法：先将图像的颜色模式转成 Lab，然后选中明度通道，再使用 USM 锐化滤镜将明度通道锐化，最后将颜色模式转换为需要的模式即可，见下图。由于锐化的只是图像的色阶，没有破坏原图的颜色，因此该方法得到的锐化效果较好。

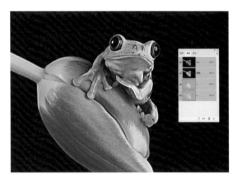

图层叠加法：先将图像复制一个同样的图层，按 Ctr+Shiftl+U 快捷键将其去色，然后使用高反差保留滤镜处理图像，最后将图层混合模式设置为叠加，见下图。如果锐化效果不明显，可以将叠加图层多复制几个；如果对锐化效果不满意，可以直接将叠加图层删除。这种方法没有破坏原始图像，图像处理更加便捷，因此该方法是图像锐化最好的方法。

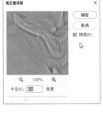

7.3.2 颜色调整命令

在"图像 > 调整"菜单中有五组颜色调整命令，它们都能对图像的颜色进行编辑，最常用的是色阶、曲线、色相 / 饱和度命令。调整图像的颜色主要是对图像的色阶和色彩进行调整。色阶也称为阶调或者影调，是指图像从亮到暗的明暗变化；色彩即图像的色相。

1. 亮度/对比度命令

亮度 / 对比度命令用于调整图像的明暗变化和明暗对比，在"亮度 / 对比度"对话框中如果勾选"使用旧版"复选框，并将亮度滑块向右拖曳，则图像的高光、暗调和中间调都会变亮；如果取消勾选，则图像变亮主要在中间调区域，见下图。

在"亮度 / 对比度"对话框中的对比度用于调整图像的明暗对比，如果勾选"使用旧版"复选框，并将对比度滑块向右拖曳到最大，则图像的高光、暗调和中间调都会增加对比度；如果取消勾选，则图像增加对比度主要在中间调区域，见下图。

2. 色阶命令

色阶命令是最常用的颜色调整命令，通过色阶命令可以调整图像的色阶和色彩，执行"图像 > 调整 > 色阶"命令，弹出"色阶"对话框，在"色阶"对话框中通过拖曳"输入色阶"和"输出色阶"的滑块来调整图像颜色，通过对话框中的直方图来查看图像像素的色阶分布，见后图。

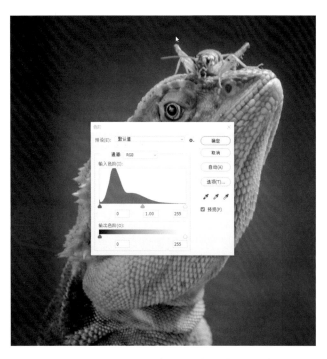

图像的色阶大致包含三个区域：暗调(黑场)、中间调(灰场)、亮调(白场)。这三个区域根据图像明暗特点分布不均，如比较暗的图像则暗调的区域比较多，比较亮的图像亮调区域比较多，而且这三个区域没有非常明显的分界线，只能有一个大概的区域，见下图。

在"色阶"对话框中有一个表示像素色阶分布图，称为"直方图"。在直方图中，横轴表示从暗到亮的色阶分布，纵轴表示像素从 0 到最大的数量，见下图。

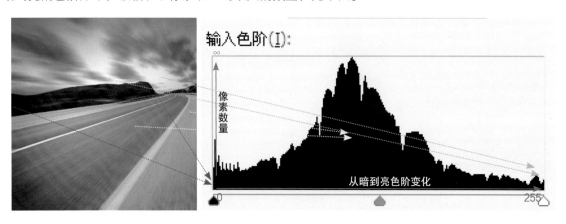

下面通过展示一些典型的直方图来深刻认识直方图。拍摄数码相片时，拍摄得到的图像可能显得灰蒙蒙的，通过直方图可以看到照片的暗调区和亮调区缺少像素，所有的像素都集中在中间调区，因此图像看起来有灰蒙蒙的感觉，见下图。

较暗图像的直方图中像素主要集中在暗调区，中间调区和亮调区像素较少，因此图像看起来较暗，见下图。

较亮图像的直方图中像素主要集中在亮调区，中间调区和暗调区像素较少，因此图像看起来较亮，见下图。

对比强烈的图像的直方图中暗调区和亮调区像素较多，而中间调区像素很少或者没有，因此图像看起来反差较大，见下图。

 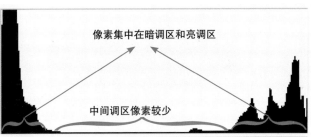

在"色阶"对话框中，在"预设"下拉列表中可以选择内置的一些选项，不需要再去设置色阶的参数而直接得到效果；在"通道"下拉列表中可以选择该图像的复合通道或单独的原色通道，选择复合通道是调整图像的色阶，选择单独的原色通道是调整图像的色彩，见下图。

"色阶"对话框中的"输入色阶"区有三个滑块，分别用于控制图像的暗调、中间调和亮调。将控制暗调的黑色滑块向左拖曳，可以看到图像变暗；将黑色滑块拖曳到某个色阶，这个色阶上的像素都变为黑色，比这个色阶暗的像素也变为黑色，图像的黑色像素增多，因此图像变暗，见下图。

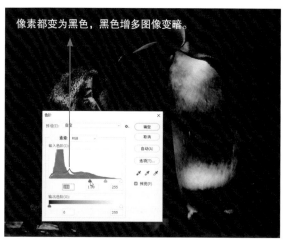

将控制亮调的白色滑块拖曳到某个色阶，这个色阶上的像素都变为白色，比这个色阶亮的像素也变为白色，图像的白色像素增多，因此图像变亮，见下图。

将控制中间调的灰色滑块向左拖曳到某个色阶，这个色阶上原来较暗的像素都变为中间灰，因此图像变亮；将灰色滑块向右拖曳，则图像变暗，见下图。

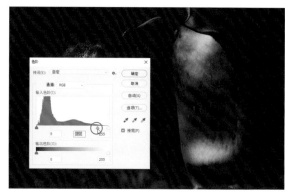

向右拖曳"输出色阶"区的黑色滑块到某个色阶，表示图像中原来处于暗调的黑色像素变为该色阶，图像将没有最黑的像素，因此图像变亮；向左拖曳白色滑块，则图像变暗，见下图。

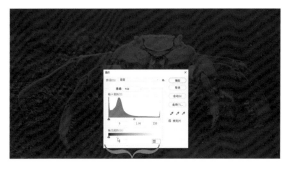

在"色阶"对话框右侧分布着三个吸管，黑色吸管用于定义图像的黑场，选中该吸管在图像中某个像素上单击，该像素将被设置为图像最黑的黑场，见下图；白色吸管用于确定图像的白场；灰色吸管用于确定图像的中性灰。

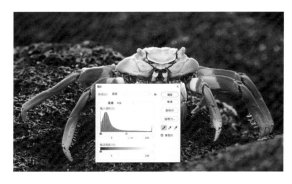

Tips

什么是中性灰？如何使用中性灰？

中性灰是调整图像偏色的重要依据。人们发现当等量的RGB色光射入人眼的时候，人眼感觉到的是灰色，因此将除黑色和白色外RGB等值的灰色都称为中性灰。想象图像中有一个灰色的物体(如石头)，本该是灰色的即RGB等值，由于拍摄问题该物体RGB不等值，呈现为其他颜色，我们只需要将该物体的色值恢复RGB等值即可将整个图像的色偏纠正。

"色阶"对话框中的灰色吸管就是用来设置中性灰的，使用该吸管吸取图像中某个像素，该像素将被强制RGB等值，如果找到的像素本该是灰色的，则图像可以纠正色偏；如果寻找不当，图像将被引入色偏，见下图。

需要注意的是中性灰只作为纠正偏色的依据，明白其原理即可，不可教条地使用，如图像中的某个物体为灰色，但由于受环境光的影响，并非该物体所有像素都是灰色；又如图像中没有灰色的物体，因此在图像中无法找到设置中性灰的像素。

灰色吸管有纠正和引入偏色的功能，黑色和白色吸管也有此功能。

3. 曲线命令

曲线命令与色阶命令作用相似，可以看成色阶命令的升级版本，使用曲线命令可以更加精确控制图像，其操作也比色阶复杂，按 Ctrl+M 快捷键，弹出"曲线"对话框，曲线中也有"输入"和"输出"选项，横轴为"输入"色阶即改变前的色阶，纵轴为"输出"色阶即改变后的色阶，坐标区的对角线用于控制图像颜色的"曲线"，见下图。

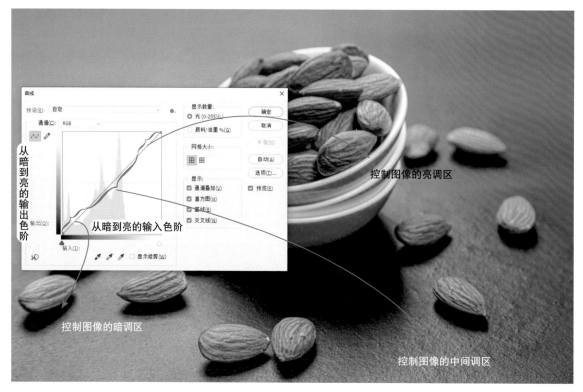

Tips

曲线与色阶是两个基本用法一样的命令，它们中的很多设置是一样的。例如，曲线中的"预设"和"通道"与色阶中一样；"输入色阶"与"输出色阶"也相似，只不过色阶将这两个色阶并列排列，而曲线将它们以横纵坐标排列；曲线中的吸管工具与色阶中一样。

在"曲线"对话框的曲线中可以建立 16 个控制点来调整图像，这远远比"色阶"对话框中的控制点多得多，因此曲线控制的精度更高。单击曲线在其上建立一个控制点，将控制点向上拖曳，由于控制点被调整为更亮的色阶，因此图像变亮，见下图；要使图像变暗，则将控制点向下拖曳。

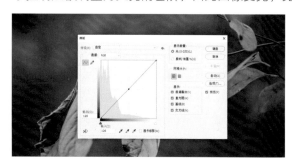

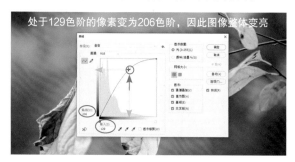

处于129色阶的像素变为206色阶，因此图像整体变亮

将光标移动到图像较暗的像素上，按住 Ctrl 键并单击，在曲线上的暗调区建立一个控制点，使用同样的方法在亮调区建立一个控制点，将暗调区控制点向下拖曳，亮调区控制点向上拖曳，由于亮的控制点变得更亮，暗的控制点变得更暗，因此图像呈现反差加大的效果，见下图。

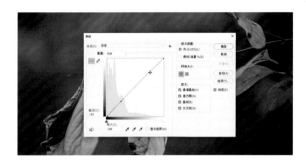 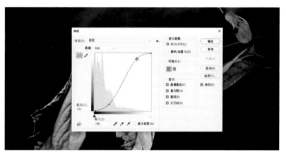

在曲线上建立三个以上的控制点，将曲线调整为波浪形，可以得到色调分离的效果，这种效果常用于制作图像的一些特效，如液态金属的效果、水晶的效果等，见下图。

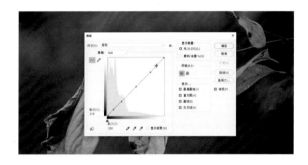 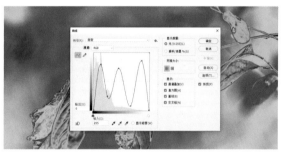

在曲线上建立控制点的方法有两种，除直接在曲线上单击建立控制点的方法外，还可以通过吸取图像像素建立控制点。方法为，按住 Ctrl 键，在图中单击某个像素，曲线上对应的位置建立了该像素色阶的控制点，见下图。此方法建立的控制点更有针对性，可以精确地定位调整区的色阶值，如需要调整人脸的某个区域，可以在该处吸取以建立控制点。

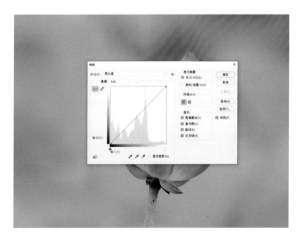 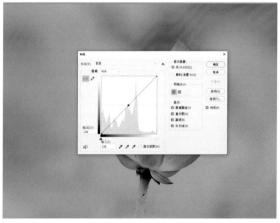

删除控制点的方法很简单，将控制点移出坐标区即可，见下左图；也可以按住 Alt 键，此时"取消"按钮变为"复位"，单击"复位"按钮，所有的控制点删除，曲线恢复初始状态，见下右图。

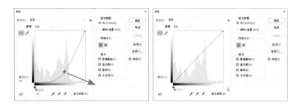
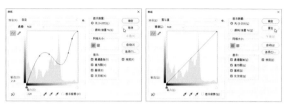

选择"曲线"对话框的"通道"下拉列表中的原色通道可以调整图像的色彩。例如，选中"红"通道，在曲线中间调区建立控制点并向下拖曳，图像偏青色，见下图。这是因为，每个 RGB 颜色模式图像的原色通道都是 0~255 的灰阶图像，将红通道的控制点向下拉，原来处于较高灰阶的像素将变暗，通道变暗则意味着颜色减少，根据色轮关系图，红色减少其相反色青色会增多，因此图像显示为青色。

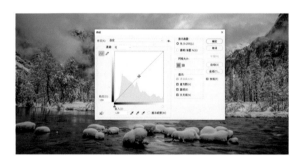
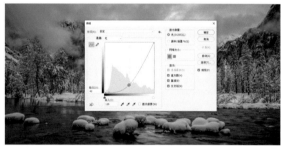

🖑Tips

"通道"下拉列表中的选项内容与图像的颜色模式有关，RGB图像显示其复合通道和R、G、B的原色通道；CMYK图像显示的是其复合通道和C、M、Y、K的原色通道；Lab图像显示明度、a、b通道，见右图。

RGB	Alt+2	CMYK	Alt+2	明度	Alt+3
红	Alt+3	青色	Alt+3	a	Alt+4
绿	Alt+4	洋红	Alt+4	b	Alt+5
蓝	Alt+5	黄色	Alt+5		
		黑色	Alt+6		

"曲线"对话框中还包含多个不常用的选项。选中铅笔图标 ✐，可以手绘曲线，图像颜色会根据绘制的曲线发生变化，单击平滑图标 ⌇可以将绘制的曲线转换为带控制点的曲线，见下图。

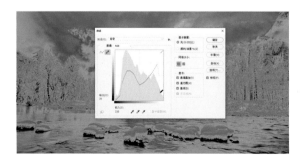
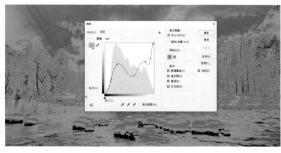

RGB 颜色模式和灰度模式的图像可以勾选"显示修剪"复选框，该功能主要用于寻找图像中黑场、白场极值的像素，勾选"显示修剪"复选框并选中曲线的黑场控制点，图像中的像素"0"数值不变，其他数值变为"255"，如果向右拖曳黑场控制点，则会显示更多的极值像素；勾选"显示修剪"复选框并选中曲线的白场控制点，图像中的像素"255"数值不变，其他数值变为"0"，见下图。

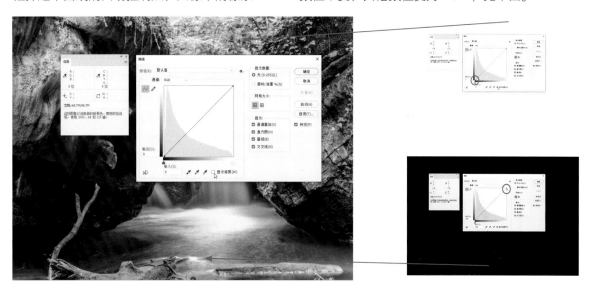

对话框中的"自动"用于自动调整图像的颜色，"选项"用于对"自动"内容进行设置；"显示"区用于设置对话框的显示内容，见下图。

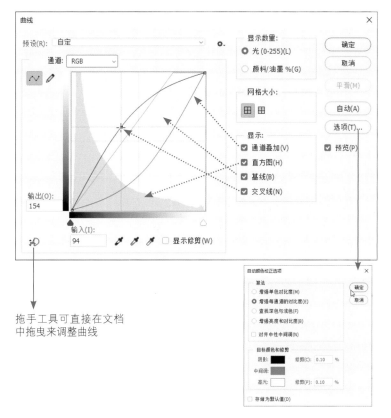

拖手工具可直接在文档中拖曳来调整曲线

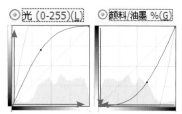

调整黑白场的排列方向

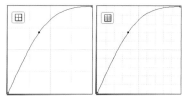

调整网格大小(按Alt键并单击网格区也可以调整)

4. 色相/饱和度命令

　　色相 / 饱和度命令是基于颜色的三个属性建立起来的颜色调整命令，向左拖曳"饱和度"滑块可以降低图像的饱和度，向右拖曳滑块可以提高颜色的纯度即提高饱和度；向左拖曳"明度"滑块可以降低图像的亮度，向右拖曳滑块可以提高图像的亮度，见下图。

　　"色相"依据色轮关系来替换颜色，因此色相中的数值框中表示的是角度，如向右拖曳"色相"滑块到"60"，表示色轮旋转 60°，旋转之后的颜色将替换原来的颜色，见下图。

Tips

　　可在"预设"下拉菜单中选择预设选项；在对话框中的彩条就是一个展开的色轮图，上方彩条表示原图像的颜色，下方彩条表示改变之后的颜色，通过彩条即可看到颜色之间的替换关系，见右图。

单击手势图标，可在文档中拖曳
来改变图像饱和度；按住Ctrl键
并拖曳，可改变图像的色相

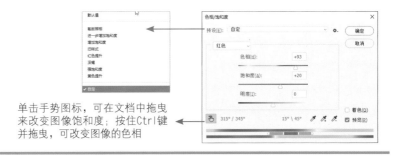

在"色相/饱和度"对话框中勾选"着色"复选框，可以使用一种颜色来替换图像中的所有颜色，见下图。

选择"全图"可以针对图像中的所有颜色，也可以选择下拉列表中的某一种颜色。例如，选择红色，在色轮条上会出现颜色范围滑块图标，表示颜色替换的作用区，4个滑块的色轮角度被标注在色轮条上方；拖曳该滑块，可调整颜色范围；也可以单击吸管图标，在文档中单击像素来选择某个颜色，见下图。

单击吸管图标可以在文档中吸取颜色；单击加色吸管图标可以加大取色范围；单击减色吸管图标可以减小取色范围

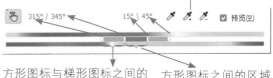

方形图标与梯形图标之间的区域表示颜色不完全替换，靠近方形图标替换的多，靠近梯形图标替换的少

方形图标之间的区域表示完全替换，即上方的颜色完全被下方的颜色替换

Tips

调整图像颜色时可以通过提高饱和度使图像更艳丽，但提高饱和度会破坏原图的层次，调整过多会出现色斑，因此在实际工作中不可大幅提高图像的饱和度，见下图。

5. 自然饱和度命令

色相 / 饱和度命令调整的 "饱和度" 是针对所有的像素产生作用的，因此操作时很容易出现色斑，而自然饱和度命令则可以很好地控制图像的饱和度变化。在 "自然饱和度" 对话框中， "自然饱和度" 选项对不饱和的颜色作用明显，越饱和的颜色变化越小，因此调整图像的饱和度时不会出现色斑，见下图。

自然饱和度命令中的 "饱和度" 与色相 / 饱和度命令的作用相同，都能对全图进行饱和度调整，但是自然饱和度命令中的 "饱和度" 对图像饱和度的改变相对较小，见下图。

6. 色彩平衡命令

色彩平衡命令是依据色彩的平衡关系来调整图像的颜色。色彩的平衡关系是指，颜色正常的图像所有的色彩数值正常，即各色彩之间处于平衡状态。图像发生了色偏表示图像的色彩变为不平衡。当图像的色彩不平衡时，如图像偏红色，可以通过降低本色或者增加其相反色使图像的色彩重新恢复平衡，这样图像的颜色显示正常。

不适用

在"色彩平衡"对话框中有三组相反色控制杆，通过拖曳其上的滑块来平衡相反色，它们分别是青色 - 红色、洋红 - 绿色、黄色 - 蓝色。在"色彩平衡"对话框下方是"色调平衡"区，可以针对图像的亮调、中间调和暗调的色偏进行调整，见下图。

Tips

如果取消勾选"保持明度"复选框，则仅调整该原色通道，以增减该色的含量；如果勾选"保持明度"复选框，则调整该图像所有原色通道，以保持图像的明度不变。

下面通过一个案例来进一步了解。打开文档"PH试纸"，在"属性"面板中调整数值，见下图。可以看到取消勾选"保持明度"复选框时仅红色通道发生改变。

勾选"保持明度"复选框，再次调整青−红滑块，可以看到R、G、B三个通道都发生了改变，见下图。

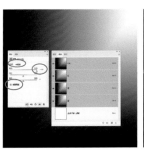

选择"高光"和"阴影"，都以该方式来改变图像的颜色，读者可自行使用此文档验证。

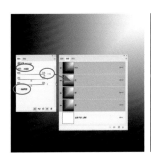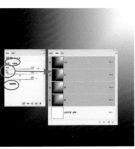

7. 去色命令和黑白命令

去色命令和黑白命令都可以在保持原有的颜色模式下，将彩色图像转换为灰色图像。去色命令转换的效果与色相／饱和度命令产生的灰色图像效果一致；相比去色命令，黑白命令则复杂得多。黑白命令可以自行设置各颜色的比例来转换，可以选择的颜色是色光三原色和色料三原色共 6 个颜色，每个颜色都可以在 -200%~300% 之间选择一个参数来设置该颜色的比例，数值越大则得到的灰色越亮，见下图。

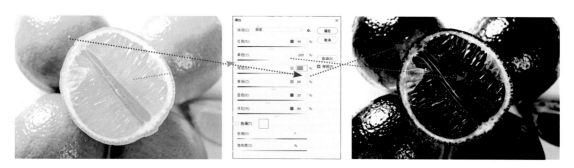

可以通过勾选"色调"复选框来为灰色图像着色，在"色相"中选择颜色，在"饱和度"中设置该颜色的饱和度，见下图。

Tips

执行"黑白"命令后，在图像的某个像素上按住鼠标左键并左右拖曳，在"黑白"对话框中该像素对应的颜色被调整，见下图。

在图像像素上拖曳鼠标，可以看到该像素对应的颜色发生改变，见下图。

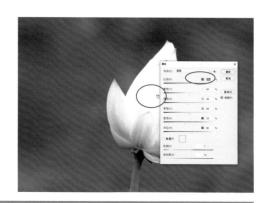

8. 通道混合器命令

通道混合器命令使用图像中现有 (源) 颜色通道的混合来修改目标 (输出) 颜色通道，图像通道的变化决定了颜色的变化，因此通道被改变，颜色也随之改变，见下图。

要理解通道混合器的作用，一定要深刻理解通道和颜色的基本常识。"通道混合器"对话框中，"源通道"相当于一个加工场所，将图像的原色通道按设置的参数进行加工，并替换"输出通道"中的通道。"源通道"的参数取值在 -200%~200% 之间，0 表示不输出该通道，+100% 表示完全输出，200% 表示输出 2 倍的通道，-100% 表示输出负值的通道，-200% 表示输出 2 倍负值的通道。

下面用一些简单的颜色来进一步理解"通道混合器"的作用。在 RGB 颜色模式的图像中设置 4 个颜色：黑、白、红、绿，然后分别设置"源通道"参数观察变化，见下图。

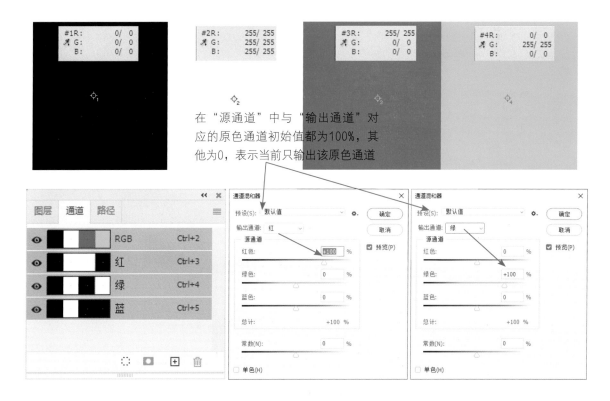

在"源通道"中与"输出通道"对应的原色通道初始值都为100%，其他为0，表示当前只输出该原色通道

输出通道选择"红"，将"绿色"设置为 -100%，白色变为青色，其他颜色未发生改变，为了便于描述将 4 个色块分别命名为 1、2、3、4，见下图。

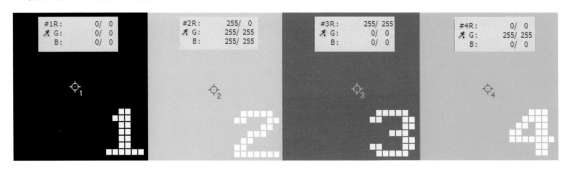

输出通道是"红"，那么当前的修改只应用到红色通道中，+100%的红色表示该通道正常输出，−100%的绿色表示100的红色通道减去100的绿色通道。色块1中黑色减去黑色还是黑色（即0−0=0）；色块2中白色减去白色得黑色（即255−255=0），因此原来的白色由于红色通道变为黑色，即缺少了红色，图像显示为其相反色青色；色块3中白色减去黑色为白色，颜色不变（即255−0=255）；色块4中黑色减去白色依然为黑色（即0−255=−255)，颜色不变

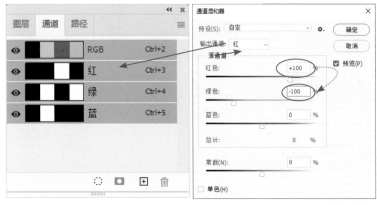

将图像恢复初始状态，然后输出通道选择"绿"，将"红色"设置为+100%，将"绿色"设置为-100%，图像发生变化，见下图。

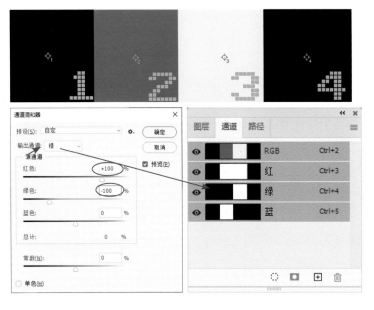

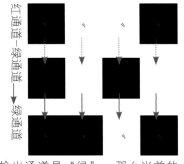

输出通道是"绿"，那么当前的修改只应用到绿色通道中，100%的红色表示该通道正常输出，−100%的绿色表示100的红色通道减去100的绿色通道。色块1(0−0=0)变为黑色；色块2(255−255=0)变为洋红色；色块3(255−0=255)变为黄色；色块4(0−255=−255)变为黑色

输出通道选择"绿"，将"红色"设置为 -100%，将"绿色"设置为 100%，图像的白色变为洋红，其他颜色未发生改变，见后图。

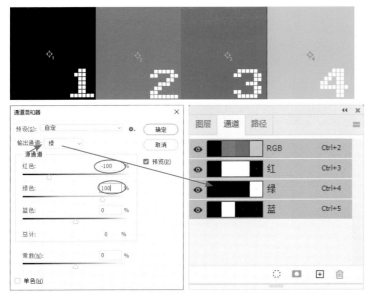

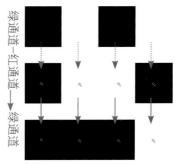

输出通道是"绿",那么当前的修改只应用到绿色通道中，100%的绿色表示该通道正常输出；-100%的红色表示100的绿色通道减去100的红色通道，相减之后的颜色应用到绿色通道中，由于原来的色块2的绿色通道变为黑色，因此缺少绿色，颜色显示为其相反色洋红，其他颜色不变

再看另一种设置的效果，输出通道选择"绿"，将"红色"和"绿色"都设置为 100%，由于绿色通道发生改变，图像的红色变为黄色，其他颜色未发生改变，见下图。

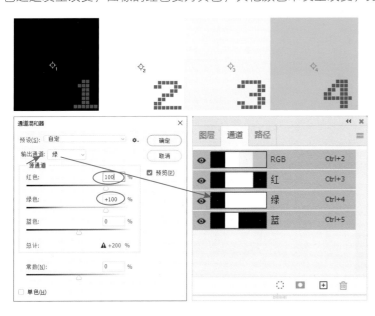

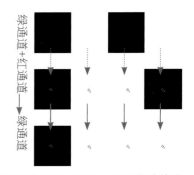

输出通道是"绿"，那么当前的修改只应用到绿色通道中，100%的绿色和红色表示该通道正常输出，将这两个通道值相加即可得到结果

处于对话框下方的"常数"用于调整输出通道的灰度值，"源通道"运算完成再加上常数值才是最终的输出通道，常数取值在 -200%~200% 之间。

常数的正值表示将输出通道提亮，数值越大颜色越亮。当常数为 0 时，常数对输出通道无影响；50% 表示将通道提亮 1/2；100% 表示将通道提亮 1 倍；200% 表示提亮 2 倍。

常数的负值表示将输出通道压暗，数值越小颜色越暗。当常数为 -50% 时，表示将通道颜色压暗1/2，如能将 255 的白色压暗一半为 128；当常数为 -100% 时，表示将通道颜色压暗 1 倍，如能将255 的白色压暗为黑色；-200% 表示将通道颜色压暗 2 倍。

通道混合器还可以将彩色图像转换成灰色图像，这个功能与黑白命令相似，勾选"单色"复选框，输出通道变为"灰色"，表示源通道运算之后输出到灰色通道，此处的灰色通道表示原色通道，在"源通道"区可以设置输出比例来控制该颜色的比例，见下图。

9. 色调分离命令和阈值命令

色调分离命令用于重新设置图像的色阶，并将颜色映射到最接近的色调上，如 RGB 颜色模式的图像设置的色阶为"2"，即图像的色阶只有两个，图像的通道也只有黑白两个颜色，因此图像的颜色共有 8 个纯度最高的颜色，见下左图；阈值是指色阶的分界线，为图像设置一个色阶阈值参数，比阈值亮的颜色转成白色，比阈值暗的转为黑色，因此图像只呈现黑白两色，见下右图。

10. 渐变映射命令

渐变映射命令用于将设置的渐变色映射到色阶上，执行该命令后弹出"渐变映射"对话框，在色条上单击，弹出"渐变编辑器"对话框，在这个对话框中可以选择预设的某个渐变，也可以在渐变条上对渐变重新编辑。渐变条左侧的颜色将映射到图像的暗调部分（即暗调部分显示该颜色）；右侧的颜色将映射到图像的亮调部分；中间的颜色将映射到图像的中间调部分，见下图。

11. 可选颜色命令

可选颜色命令用于校正 CMYK 图像的颜色，但是对 RGB 图像也可以使用该命令。在"颜色"下拉列表中从 9 种颜色选择其中一种，然后拖曳下方青、品、黄、黑四种油墨滑块来调整选择的颜色，正值表示添加油墨，负值表示减少油墨；"相对"表示油墨改变的相对量，"绝对"表示改变油墨的绝对量，"绝对"要比"相对"的改变量大，见下图。

"可选颜色"对话框中的"颜色"选择常常引起人们的困惑——如何正确选择需要修改的颜色，此时可以通过"色彩范围"来准确判断。

绘制一个色轮，然后执行"色彩范围"命令，在"色彩范围"对话框中选择"红色"可以得到红色的选区，复制选区内容到新图层上，在"信息"调板中可以看到在300°～60°之间都有颜色信息，因此居于300°～60°之间的颜色，都属于"可选颜色"对话框"颜色"中的"红色"，处于0°的红色在修改时变化最大，0°～60°依次递减，0°～300°也依次递减，见后图。根据此方法可以得知："黄色"处于色轮0°～120°之间,60°改变最大，然后向两边递减；"绿色"居于60°～180°之间；"青色"居于120°～240°之间；"蓝色"居于180°～300°之间；"洋红"居于240°～360°之间；"黑色"是小于50%灰色的颜色；"中性灰"是除黑白两色外的所有颜色；"白色"是大于50%灰色的颜色。

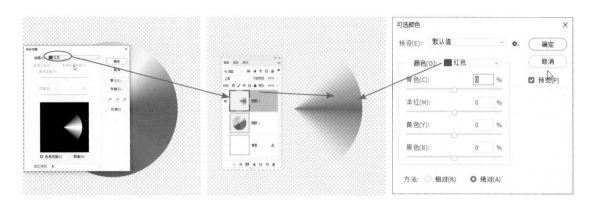

　　下面通过实例来展示实际应用。下图需要调整雪地的暖色，使用"颜色取样器"在雪地取样，然后在"信息"调板中设置取样点模式为"HSB 颜色"，可以看到取样点位于色轮的 218° 位置。

　　218° 在"蓝色"和"青色"范围内，由于 218° 的"蓝色"改变量比"青色"大，因此选择"可选颜色"对话框中的"蓝色"，然后将"洋红"滑块向左拖曳以减少红色，可以看到雪地的暖色变为偏青色，见下图。

12. 阴影/高光命令

阴影/高光命令用于调整反差较大的图像,如逆光的人像相片等。"阴影/高光"对话框中,使用"阴影"来提亮图像暗调部分,使用"高光"来压暗图像亮调部分。"数量"表示修改量,数值越大改变越大;"色调"表示参与修改的色调范围,数值越大色调范围越大;"半径"是指发生变化像素的影响范围,数值越大参与改变的像素越多。"颜色"用于调整图像的饱和度和明度,数值越大图像颜色越饱和、越亮;"中间调"用于调整图像对比度时,将调整区域限定在中间调范围;"修剪黑色"和"修剪白色"用于控制产生极值的数量,见下图。

13. 匹配颜色命令

使用匹配颜色命令可以方便地使两幅图像颜色接近,在"匹配颜色"对话框的"源"中选择一幅已经打开的匹配图,可以看到目标图像发生变化。"明亮度"用于调整目标图像的明暗度,"颜色强度"用来调整目标图像的饱和度,"渐隐"用于控制调整量,"中和"用于调整图像偏色;在"源"中可以选择打开的图像作为匹配图,还可以选择该图像的某个图层,见下图。

14. 替换颜色命令

替换颜色命令相当于色彩范围命令和色相/饱和度命令的结合,在"替换颜色"对话框的"选区"中制作一个选区,然后调整色相、饱和度或者明度,见后图。

15. 去色命令、反相命令和色调均化命令

这三个命令对图像的作用简单明了。去色命令在保持原图的颜色模式下可以把图像颜色去除，而只保留图像的明暗变化；反相命令将图像的颜色反转，如黑、白反转，黄、蓝反转等，应用该命令图像呈现的是负片效果；色调均化命令重新分布图像像素的亮度值，使图像的色阶更加均匀地分布，见下图。

7.3.3 应用调整图层

调整图层是将调整命令作为图层应用到调整图像颜色的工作中，调整图层是一种先进的调整方法。使用调整图层来调整图像的三大好处是，保留图像的原始信息，保留调整参数，创建蒙版来控制调整区域。

1. 调用调整图层

调用调整图层的方法有三种：菜单、"图层"调板、"调整"调板。菜单建立的方法：选择"图层 > 新建调整图层"菜单中的调整命令，在弹出的对话框中单击"确定"按钮，即可调用调整图层，见下图。

"图层"调板建立的方法：在"图层"调板中单击 ⊘. 图标，在弹出的菜单中选择调整命令，在"图层"调板中会建立一个对应该命令的调整图层，并弹出该命令的对话框，在对话框中对参数进行设置即可，见下图。

"调整"调板建立的方法：在"调整"调板中单击 ⊘. 图标，在弹出的菜单中选择调整命令，在"图层"调板中会建立一个对应该命令的调整图层，并弹出该命令的对话框，在对话框中对参数进行设置即可，见下图。

2. 操作调整图层

调整图层建立在"图层"调板中，左侧是调整命令缩略图，右侧是蒙版，单击调整命令缩略图，"属性"调板将变为此命令的调板，在其中进行相应设置即可调整图像的颜色；单击蒙版缩略图，激活该蒙版，"属性"调板变为"蒙版"调板，调整图层上蒙版的操作方法与普通层方法一致，见下图。

与普通层一样，调整图层也可进行删除、复制、调整不透明度和设置图层混合模式等操作，见下图。

08

滤镜

滤镜是 Photoshop 中较为神奇的功能之一，同时也是颇具吸引力的功能。使用滤镜，可为图像创建各种不同的效果，让普通的图像瞬间成为具有高度视觉冲击力的艺术品，犹如魔术师在舞台上变魔术一样，把我们带到一个神奇而又充满魔幻色彩的图像世界。

任务名称：期刊内页广告

尺寸要求：291cm×213cm

知识要点：滤镜种类、滤镜参数设置、滤镜使用方法

本章难度：★ ★ ★ ☆ ☆

8.1 期刊内页广告

难度 ●●●○○

重要 ●○○○○

案例剖析

①本作品为印刷品，新建文档时设置分辨率为 300 像素 / 英寸。

②根据需要寻找或者拍摄所需素材，设置的尺寸应包含出血。

③存储并输出合适的文档格式。

华彩丽人
总有你想要的惊喜

01 在 Photoshop 中按 Ctrl+N 快捷键，在弹出的对话框中设置文档名称为"内广告"，再设置尺寸、分辨率、颜色模式，得到一个新的文档，见右图。

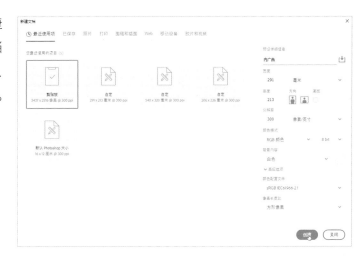

参数：宽度为291毫米，高度为213毫米，分辨率为300像素/英寸，RGB颜色模式，其余默认。

02 按 Ctrl+O 快捷键，在相应文件夹中找到"u01"素材，打开该素材，按 Ctrl+A 快捷键全选图像，再按 Ctrl+C 快捷键复制图像，见下图。

03 切换到"内广告"文档，按 Ctrl+V 快捷键粘贴图像，执行"编辑>变换>缩放"命令，将图像放大，然后使用移动工具将图像上移到适当位置，见下图。

04 按 Ctrl+O 快捷键，在相应文件夹中找到"u02"素材，打开该素材，按 Ctrl+A 快捷键全选图像，再按 Ctrl+C 快捷键复制图像，见下图。

05 切换到"内广告"文档，按 Ctrl+V 快捷键粘贴图像，然后使用移动工具将图像上移到适当位置，见下图。

06 单击"图层"调板中的添加蒙版图标，为图层 2 添加白色蒙版，见下图。

07 选择画笔工具，设置黑色前景色和适当的笔刷大小、软硬度，在蒙版的草地和天空的交界处反复涂抹，见下图。

08 按 Ctrl+O 快捷键，在相应文件夹中找到"u03"素材，打开该素材，使用钢笔工具抠选鲸鱼尾，并将其转换为选区后按 Ctrl+C 快捷键复制，见下图。

09 切换到文档"内广告"，按 Ctrl+V 快捷键粘贴图像，图像被贴入文档中，放在新的图层 3 中，见下图。

10 按 Ctrl+T 快捷键，适当调整图像大小和位置，见下图。

11 在图层 3 中建立蒙版，使用灰色画笔在鲸鱼上反复涂抹，见下图。

12 按 Ctrl+O 快捷键，在相应文件夹中找到 "u04" 素材，打开该素材，使用钢笔工具抠选人物，并将其转换为选区后按 Ctrl+C 快捷键复制，见下图。

13 切换到 "内广告" 文档，按 Ctrl+V 快捷键粘贴图像，图像被贴入文档中，放在新的图层 4 中，见下图。

14 按 Ctrl+T 快捷键，适当调整图像大小和位置，见下图。

15 复制图层 4，得到图层 4 拷贝，见下图。

16 双击图层 4 拷贝，在弹出的 "图层样式" 对话框中勾选 "渐变叠加" 复选框，见下图。

17 单击渐变条，在 "渐变编辑器" 对话框中，将左侧色标设置为黑色，单击 "确定" 按钮，见下图。

18 在图层 4 拷贝上右击，在快捷菜单中执行"栅格化图层"命令，见下图。

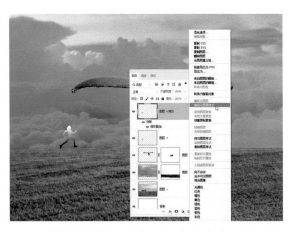

19 执行"编辑 > 变换 > 垂直翻转"命令，然后使用移动工具将图像移动到合适位置，见下图。

20 执行"编辑 > 变换 > 扭曲"命令，调整图像的扭曲效果，并适当调整图像位置，然后单击"确定"按钮，见下图。

21 执行"滤镜 > 模糊 > 高斯模糊"命令，设置参数，单击"确定"按钮，见下图。

22 设置图层样式为正片叠底，见下图。

23 添加文字，然后将图像存储为 PSD 格式，见下图。

8.2 滤镜

难度 ●●●○○

重要 ●●●●○

Keyword

使用滤镜可以修饰照片，为图像添加各种特殊的艺术效果。

8.2.1 认识滤镜

1. 滤镜的种类

滤镜原来是一种摄影器材，是安装在照相机镜头外侧用来改变照片拍摄方式的一种器材，在拍摄的同时产生特殊的拍摄效果。Photoshop 中的滤镜是一个插件模块，用来操作图像中的像素。

按照功能，Photoshop 中的滤镜可分为三种。第一种是修改类型的滤镜，用于修改图像中的像素，如扭曲、素描等；第二种是复合类型的滤镜，具有自己的操作方法；第三种是特殊类型的滤镜，但只有一个"云彩"滤镜，它不需要修改图像中的任何像素就可以生成云彩的效果。

2. 滤镜的用途

Photoshop 中滤镜最主要的用途有以下两种。

第一种是使原图像产生特殊效果，如风格化、画笔描边、模糊、像素化、扭曲等效果。此种用途的滤镜数量最多，基本上是通过滤镜库来应用和管理的。

第二种用于图像文件的修改，如提高图像清晰度、让图像变得更加模糊、减少图像中的杂色让图像显示出高质量感觉等。这些滤镜分别放置在"模糊""锐化""杂色"等滤镜组中。

另外，"液化""消失点""镜头校正"中的滤镜比较特殊，其功能也比较强大，分别有自己特殊的操作方法，像独立的软件一样，因此不放置在其他分组中，而被单独放置。

3. 滤镜的使用方法

使用滤镜处理图像时，首先应选择该图层，同时保持图层的状态为可见。若在图像中创建了选区，则滤镜只能处理选区内的图像；若没有创建选区，则处理整个图层上的图像，见下图。

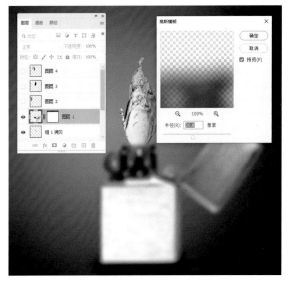

使用滤镜也可以处理图层蒙版、通道及快速蒙版。它是以像素为单位进行计算的，运用相同的滤镜处理不同分辨率的图像，所得到的效果也不同。

在"滤镜"菜单中，有些滤镜的命令状态会显示为灰色，表示该滤镜不能正常使用，造成这种现象的主要原因是图像颜色模式。在 Photoshop 中，有些滤镜不支持 CMYK 颜色模式，却支持 RGB 颜色模式。位图和索引颜色模式的图像不支持任何滤镜效果。如果对位图、索引和 CMYK 颜色模式的图像加载滤镜命令，要先将其转换成 RGB 颜色模式，再使用滤镜处理。

8.2.2　锐化滤镜组

锐化滤镜组包括 6 种滤镜，通过增强相邻像素之间的对比度使图像变得清晰。

1. USM锐化

USM 锐化滤镜只能锐化图像的边缘，保留总体平滑度。在"USM 锐化"对话框中，提供了以下选项，见下图。

数量：调整锐化效果的程度，数值越大，锐化效果越突出。

半径：设置锐化范围半径的大小。

阈值：调节相邻像素间的差值范围，数值越大，被锐化的像素越少。

在对图像进行锐化的同时，Photoshop 会提高相邻两种颜色边界相交处的对比度，使其边缘更加明显，看上去更清晰，从而实现锐化的效果。

2. 锐化与进一步锐化

锐化滤镜的原理是通过增加像素间的对比度使图像变得更清楚，其缺点是锐化效果不明显。

进一步锐化滤镜与锐化滤镜的效果相似，就像在锐化滤镜效果的基础上重复锐化。在查看滤镜效果的时候，建议将窗口放大到 100%，这样才能更好地查看图像锐化的预览效果。

3. 智能锐化

智能锐化滤镜与 USM 锐化滤镜的效果基本一样，但其比较独特的锐化选项是锐化的运算方式等。

4. 锐化边缘与防抖

锐化边缘滤镜将边缘的颜色饱和度、明度和对比度增加，可直观看到图像边缘清晰分明。

防抖滤镜将在拍摄过程中对因抖动或晃动等原因导致的模糊进行锐化等操作，恢复图像清晰度。

8.2.3　智能滤镜

智能滤镜可以达到与普通滤镜相同的效果，但智能滤镜作为图层效果出现在"图层"调板上，因为不会改变图像中的任意像素，所以可以随时修改参数或将其删除。

在 Photoshop 中，智能滤镜是一种非破坏滤镜。它将滤镜效果应用于智能对象上，不会破坏对象的原始数据，见下图。

智能滤镜包含一个图层样式列表，在列表中包含使用过的各个滤镜，见后图。在"图层"调板中单击智能滤镜前面的图标，可以将滤镜效果隐藏；也可以将滤镜效果删除，删除后，图像恢复到原始状态。

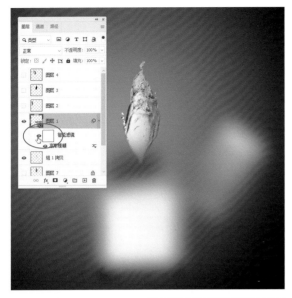

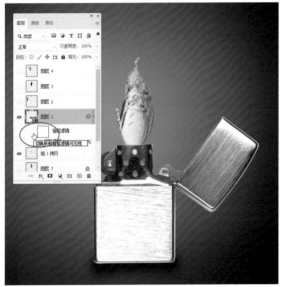

普通滤镜则通过修改图像的像素来实现效果，当加载滤镜后，会修改原来的图像信息，一旦将文件保存并关闭，图像就无法恢复到原始状态。

在"滤镜"菜单中，除液化和消失点滤镜外，其他滤镜都可以作为智能滤镜使用，其中包括支持智能滤镜的外挂滤镜。

8.2.4 风格化滤镜组

风格化滤镜组通过置换像素查找并增加图像

的对比度，使选区中图像产生绘画或印象派艺术效果。在使用查找边缘和等高线等突出显示边缘的滤镜后，可执行"反相"命令用彩色线条勾勒彩色图像的边缘，或用白色线条勾勒灰度图像的边缘。

1. 扩散

根据选择"模式"区的单选按钮搅乱选区中的像素以虚化焦点。"正常"使像素随机移动（忽略颜色值）；"变暗优先"用较暗的像素替换亮的像素;"变亮优先"用较亮的像素替换暗的像素;"各向异性"在颜色变化最小的方向上搅乱像素，见下图。

2. 浮雕效果

浮雕效果是指将选区的填充色转换为灰色，并用原填充色描画图像边缘轮廓，从而使选区显得凸起或凹陷。选项包括浮雕角度（范围为 −360°~360°，−360° 使表面凹陷，360° 使表面凸起）、高度和选区中颜色数量的百分比（范围为 1%~500%）。要在进行浮雕处理时保留颜色和细节，可在应用浮雕效果滤镜后执行"渐隐"命令，见后图。

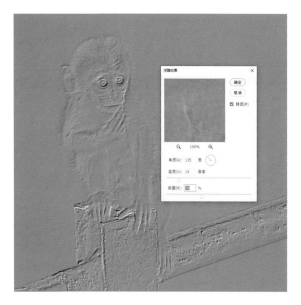

3. 凸出

凸出滤镜赋给选区或图层一种 3D 纹理效果，能将图像分成大小相同且按照一定规则放置的立方体或锥体，使图像产生三维效果，见下图。

曝光过度滤镜用于混合负片和正片图像，类似于显影过程中将摄影照片短暂曝光，见下图。

拼贴滤镜用于将图像分解为一系列拼贴，使选区偏离原来的位置。可以选择"填充空白区域用"区的单选按钮填充拼贴之间的区域，包括背景色、前景颜色、反向图像和未改变的图像。它们使拼贴的版本位于原版本上并露出原图像中位于拼贴边缘下面的部分，见下图。

4. 查找边缘、曝光过度与拼贴

查找边缘滤镜用显著的转换标识图像的区域，并突出边缘。与等高线滤镜一样，查找边缘滤镜用相对于白色背景的黑色线条勾勒图像的边缘，这对生成图像周围的边界非常有用，见后图。

5. 等高线与风

等高线滤镜用于查找主要亮度区域的转换，并为每个颜色通道淡淡地勾勒主要亮度区域的转换，以获得与等高线图中线条相类似的效果，见下图。

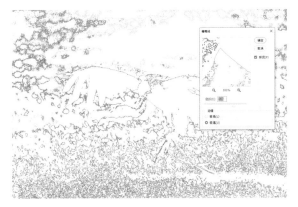

风滤镜用于在图像中放置细小的水平线条来获得风吹的效果，包括风、大风（用于获得更生动的风吹效果）和飓风，见下图。

8.2.5 模糊滤镜组

模糊滤镜组柔化选区或整个图像，这对修饰图像非常有用。它们通过平衡图像中已定义的线条和遮蔽区域的清晰边缘旁边的像素，使变化显得柔和。要将模糊滤镜组应用到图层边缘，需先取消勾选"图层"调板中的"锁定透明像素"复选框。

1. 模糊与进一步模糊

模糊滤镜在图像中有显著颜色变化的地方消除杂色。

进一步模糊滤镜的效果比模糊滤镜稍强，见下图。

2. 方框模糊与高斯模糊

方框模糊滤镜基于相邻像素的平均颜色值来模糊图像，用于创建特殊效果。可以调整用于计算给定像素平均值的区域大小，半径越大，产生的模糊效果越好，见下图。

高斯模糊滤镜可调整"半径"数值快速模糊选区。高斯模糊是指当 Photoshop 将加权平均应用于像素时生成的钟形曲线。高斯模糊滤镜添加低频细节，并产生一种朦胧效果，见后图。

3. 镜头模糊与动感模糊

镜头模糊滤镜是指向图像中添加模糊以产生更窄的景深效果，使图像中的一些对象在焦点内，而其他区域变模糊，见下图。

动感模糊滤镜会沿指定方向（范围为−360°~360°）以指定强度（范围为1~999）进行模糊。此滤镜的效果类似于以固定的曝光时间给一个移动的对象拍照，见下图。

4. 平均

平均滤镜用于找出图像或选区的平均颜色，然后用该颜色填充图像或选区以创建平滑的外观，见下图。

5. 径向模糊与形状模糊

径向模糊滤镜模拟缩放或旋转的相机所产生的模糊，即产生一种柔化的模糊效果，见下图。选择"旋转"单选按钮，沿同心圆环线模糊，然后指定旋转的度数；选择"缩放"单选按钮，沿径向线模糊，好像在放大或缩小图像，然后指定1 ~ 100之间的值。模糊的"品质"范围从"草图"到"好"和"最好"，"草图"产生最快但颗粒状的显示效果；"好"和"最好"产生比较平滑的效果，除非在大选区，否则看不出这两种品质的区别。通过拖曳"中心模糊"框中的图案可以指定模糊的原点。

形状模糊滤镜使用指定的内核来创建模糊。在"自定形状预设"列表框中选择一种内核。单击右侧的三角按钮，在弹出的快捷菜单中可以载入不同的形状库。拖曳"半径"滑块可调整其大小，半径决定了内核的大小，内核越大，模糊效果越好，见下图。

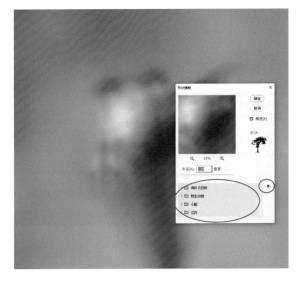

6. 特殊模糊与表面模糊

特殊模糊滤镜用于精确地模糊图像。可以指定半径、阈值和模糊品质，半径值用于确定在其中搜索不同像素的区域大小。也可以为整个选区设置模式，或为颜色转变的边缘设置"仅限边缘"和"叠加边缘"模式。在对比度明显的地方，"仅限边缘"模式应用黑白混合的边缘，而"叠加边缘"模式应用白色的边缘，见下图。

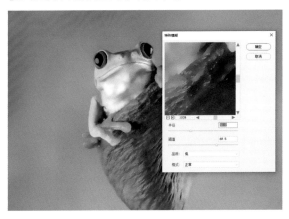

表面模糊滤镜用于保留边缘的同时模糊图像，通常用于创建特殊效果并消除杂色或粒度。半径指定模糊取样区域的大小。阈值控制相邻像素色调值与中心像素色调值相差多大时才能成为模糊的一部分。色调值差小于阈值的像素被排除在模糊范围外，见下图。

8.2.6 扭曲滤镜组

扭曲滤镜组将图像进行几何扭曲，创建 3D 或其他整形效果，但可能占用大量内存。其中，扩散亮光、玻璃和海洋波纹滤镜可以通过滤镜库来应用。

1. 置换与切变

置换滤镜使用名为置换图的图像确定如何扭曲选区，见下图。

切变滤镜沿一条曲线扭曲图像。通过拖曳框中的线条来指定曲线，而且可以调整曲线上的任何一点，见下图。

2. 波纹与波浪

波纹滤镜在选区上创建波状起伏的图案，像水池表面的波纹，包括波纹的数量和大小，见下图。若要进一步控制波纹，可使用波浪滤镜。

波浪滤镜将随机分隔的波纹添加到图像表面，使图像看上去像在水中，见下图。

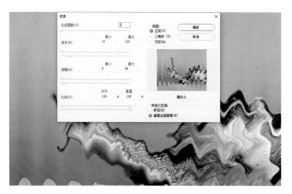

3. 挤压与极坐标

挤压滤镜用于挤压选区，见下图。数量取正值（最大值是 100%）将选区向中心移动；数量取负值（最小值是 −100%）将选区向外移动。

极坐标滤镜根据选择不同的选项，将选区由平面坐标转换到极坐标，或将选区由极坐标转换到平面坐标，见下图。

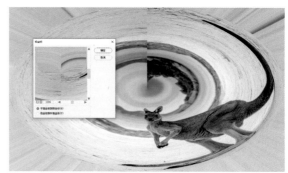

4. 球面化与旋转扭曲

球面化滤镜通过将选区折成球形、扭曲图像及伸展图像以适合选中的曲线，使对象具有 3D 效果，见下图。

旋转扭曲滤镜用于旋转选区，中心的旋转程度比边缘的旋转程度大。指定角度时可生成旋转扭曲图案，见下图。

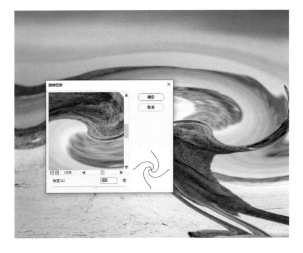

8.2.7 视频滤镜组

视频滤镜组包含逐行滤镜和NTSC颜色滤镜。

逐行：通过移去视频图像中的奇数或偶数隔行线，使在视频上捕捉的运动图像变得平滑。可以通过复制或差值来替换去掉的线条。

NTSC 颜色：将色域限制在电视机重现可接收的范围内，以防止过多饱和颜色渗到扫描行中。

8.2.8 滤镜库

滤镜库可提供许多特殊效果滤镜的预览。用户可以应用多个滤镜、打开或关闭滤镜的效果、复位滤镜的选项及更改应用滤镜的顺序。若对预览效果感到满意，则可以将它应用于图像。注意，滤镜库并不提供"滤镜"菜单中的所有滤镜。执行"滤镜 > 滤镜库"命令，弹出"滤镜库"对话框，见下图。

效果预览区：查看图像生成的滤镜效果。

滤镜组：存放和管理各种风格的滤镜。

参数设置区：修改滤镜的显示效果。

选择并使用的滤镜：显示已经使用过的滤镜，

当使用过多个滤镜后，会将使用过的滤镜在列表框中依次列出；单击滤镜前面的图标，可以实现滤镜的显示与隐藏。

新建或删除效果图层：新建或删除滤镜效果图层。

预览缩放区：放大或缩小图像预览区中的图像。

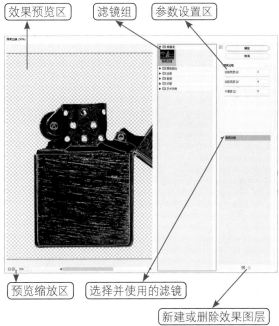

1. 风格化

照亮边缘：可以对图像添加独特的光照，见下图。

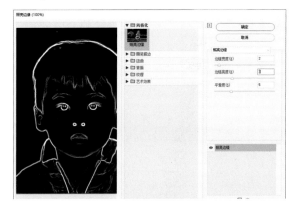

2. 画笔描边滤镜组

与艺术效果滤镜一样，画笔描边滤镜使用

不同的画笔和油墨描边效果创造出绘画效果的外观。有些滤镜添加颗粒、绘画、杂色、边缘细节或纹理。可以通过滤镜库来应用所有画笔描边滤镜。

成角的线条：使用对角描边重新绘制图像，用相反方向的线条来绘制亮区和暗区，见下图。

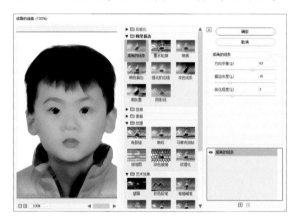

墨水轮廓：以钢笔画的风格，用纤细的线条在原细节上重绘图像，见下图。

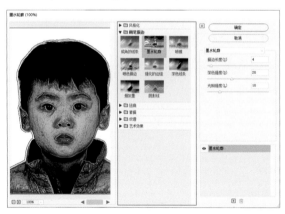

喷溅：模拟喷溅喷枪的效果，可简化总体效果，见下图。

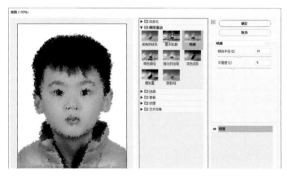

喷色描边：使用图像的主导色，用成角的、喷溅的颜色线条重新绘制图像，见下图。

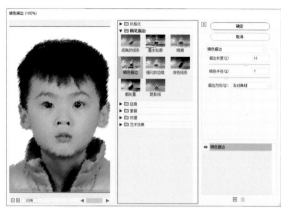

强化的边缘：强化图像边缘。设置高的边缘亮度控制值时，强化效果类似白色粉笔；设置低的边缘亮度控制值时，强化效果类似黑色油墨，见下图。

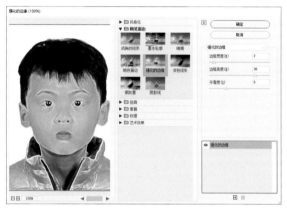

深色线条：用短的、绷紧的深色线条绘制暗区；用长的白色线条绘制亮区，见下图。

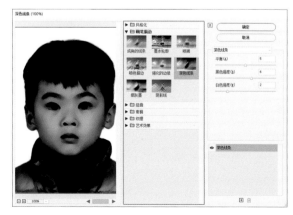

烟灰墨：以日本画的风格绘画图像，看起来像是用蘸满油墨的画笔在宣纸上绘画。烟灰墨使用非常黑的油墨来创建柔和的模糊边缘，见下图。

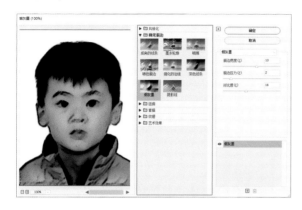

阴影线：保留原始图像的细节和特征，同时使用模拟的铅笔阴影线添加纹理，并使彩色区域的边缘变粗糙。强度（使用值 1~3）用于确定使用阴影线的遍数，见下图。

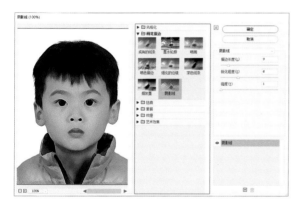

3. 扭曲滤镜组

扭曲滤镜组包含三个滤镜：玻璃、海洋波纹、扩散亮光。

玻璃：使图像显得像透过不同类型的玻璃来观看的。可以选取玻璃效果或创建自己的玻璃表面（存储为 Photoshop 文件）并加以应用。可以调整缩放、扭曲和平滑度设置。当将表面控制与文件一起使用时，需按置换滤镜的指导操作，见后图。

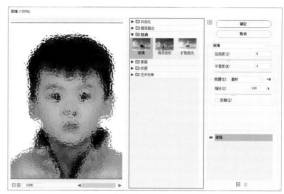

海洋波纹：将随机分隔的波纹添加到图像表面，使图像看上去像在水中，见下图。

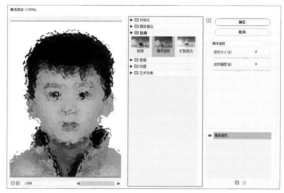

扩散亮光：将图像渲染成像透过一个柔和的扩散滤镜来观看的。此滤镜添加透明的白杂色，并从选区的中心向外渐隐亮光，见下图。

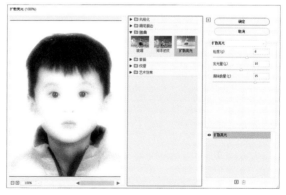

4. 素描滤镜组

素描滤镜组中的滤镜将纹理添加到图像上，通常用于获得 3D 效果。这些滤镜还适合创建美术或手绘外观。许多素描滤镜在重绘图像时会使用前景色和背景色。可以通过滤镜库来应用所有素描滤镜。

半调图案：在保持连续的色调范围的同时，模拟半调网屏的效果，见下图。

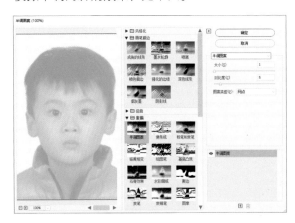

便条纸：创建像用手工制作的纸张构建的图像。此滤镜简化了图像，并结合使用风格化滤镜组中的浮雕效果滤镜和纹理滤镜组中的颗粒滤镜的效果。图像的暗区显示为纸张上层中的洞，使背景色显示出来，见下图。

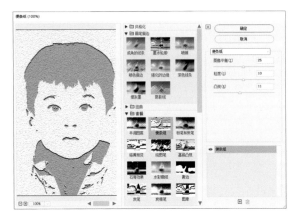

粉笔和炭笔：重绘高光和中间调，并使用粗糙粉笔绘制纯中间调的灰色背景。阴影区域用黑色对角炭笔线条替换。炭笔用前景色绘制，粉笔用背景色绘制，见后图。

铬黄渐变：渲染图像，就好像它具有擦亮的铬黄表面。高光在反射表面上是高点，在阴影上是低点。应用此滤镜后，使用"色阶"对话框可以增加图像的对比度，见后图。

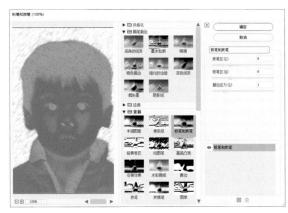

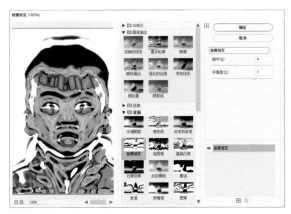

绘图笔：使用细的、线状的油墨描边以捕捉原图像中的细节。对扫描图像，效果尤其明显。此滤镜使用前景色作为油墨，使用背景色作为纸张颜色，以替换原图像中的颜色，见下图。

基底凸现：变换图像，使之呈现浮雕的雕刻状和突出光照下变化各异的表面。图像的暗区呈现前景色，亮区呈现背景色，见后图。

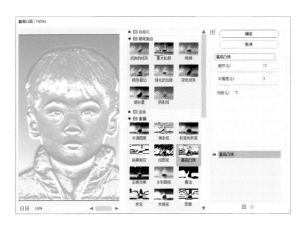

石膏效果：按 3D 塑料效果塑造图像，然后使用前景色与背景色为图像着色。暗区凸起，亮区凹陷，见下图。

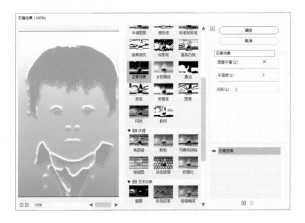

水彩画纸：利用有污点的、像在潮湿的纤维纸上涂抹，使颜色流动并混合，见下图。

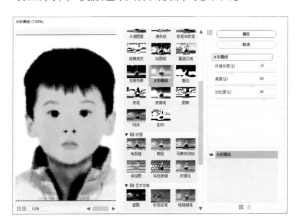

撕边：重建图像，使之变为像由粗糙、撕破的纸片组成，然后使用前景色与背景色为图像着色。对文本或高对比度对象，此滤镜尤为有用，见下图。

炭笔：产生色调分离的涂抹效果。主要边缘以粗线条绘制，而中间调用描边进行素描。炭笔用前景色绘制，背景用纸张颜色绘制，见下图。

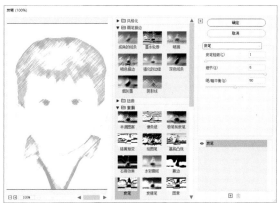

图章：简化图像，使之看起来像用橡皮或木制图章创建的一样。此滤镜对黑白图像效果最佳，见下图。

炭精笔：在图像上模拟浓黑和纯白的炭精笔纹理。炭精笔滤镜在暗区使用前景色，在亮区使用背景色。为了获得更逼真的效果，可在应用滤镜前将前景色改为一种常用的炭精笔颜色（如黑色、深褐色或血红色）。要获得减弱的效果，可先将背景色改为白色，在白色背景中添加一些前景色，再应用滤镜，见下图。

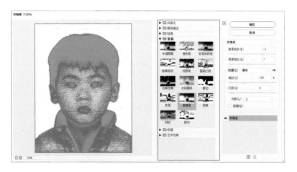

影印：模拟影印图像的效果。大的暗区趋向于只复制边缘四周；而中间调要么纯黑色，要么纯白色，见下图。

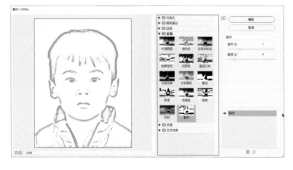

网状：模拟胶片乳胶的可控收缩和扭曲来创建图像，使之在阴影上呈现结块状，在高光上呈现轻微颗粒化，见下图。

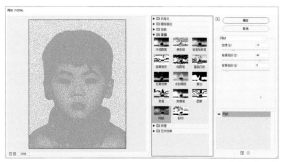

5. 纹理滤镜组

纹理滤镜组中的滤镜可以模拟具有深度感或物质感的外观，或增加一种器质外观。

龟裂缝：将图像绘制在一个高凸现的石膏表面上，以遵循图像等高线生成精细的网状裂缝。使用此滤镜可以对包含多种颜色值或灰度值的图像创建浮雕效果。

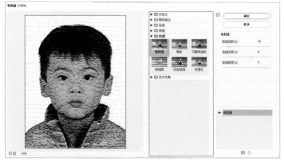

颗粒：通过模拟不同种类的颗粒在图像中添加纹理，如常规、软化、喷洒、结块、强反差、扩大、点刻、水平、垂直和斑点（可在"颗粒类型"下拉列表中选择）。

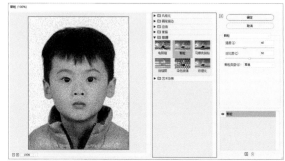

马赛克拼贴：渲染图像，使之看起来像由小的碎片或拼贴组成，然后在拼贴之间灌浆，见下图。

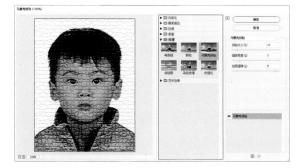

拼缀图：将图像分解为大量用图像中该区域主色填充的正方形。此滤镜随机减小或增大拼贴的深度，以模拟高光和阴影，见下图。

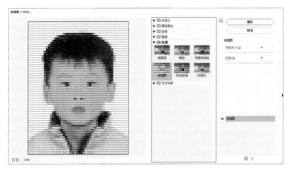

染色玻璃：将图像重新绘制为用前景色勾勒的单色的相邻单元格，见下图。

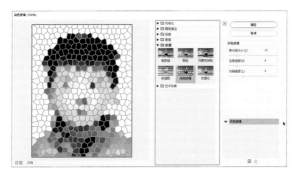

纹理化：将选择或创建的纹理应用于图像，见下图。

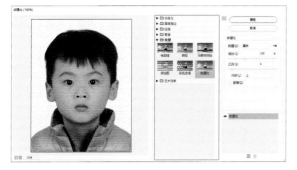

6.艺术效果滤镜组

艺术效果滤镜组中的滤镜可以为美术或商业项目制作绘画效果或艺术效果。这些滤镜模仿自然或传统介质的效果。例如，将木刻滤镜用于拼贴或印刷。可以通过滤镜库来应用所有艺术效果滤镜。

壁画：使用短而圆的、粗略涂抹的小块颜料，以一种粗糙的风格绘制图像，见下图。

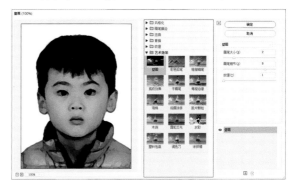

彩色铅笔：使用彩色铅笔在纯色背景上绘制图像。保留边缘，外观呈粗糙阴影线；纯色背景透过比较平滑的区域显示出来，见下图。

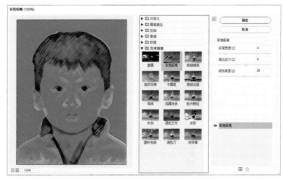

粗糙蜡笔：在带纹理的背景上应用粉笔描边。在亮区，粉笔看上去很厚，几乎看不见纹理；在暗区，粉笔似乎被擦去了，使纹理显露出来，见下图。

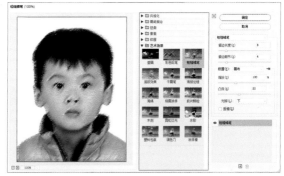

底纹效果：在带纹理的背景上绘制图像，将最终图像绘制在该图像上，见后图。

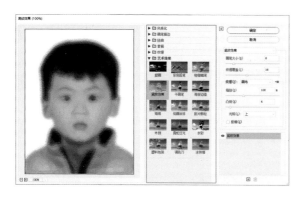

干画笔：使用干画笔技术（介于油彩和水彩之间）绘制图像边缘。此滤镜通过将图像的颜色范围降到普通颜色范围来简化图像，见下图。

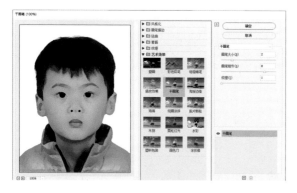

海报边缘：根据设置的海报选项减少图像中的颜色数量（对其进行色调分离），并查找图像的边缘，在边缘上绘制黑色线条。使大而宽的区域有简单的阴影，而细小的深色细节遍布图像，见下图。

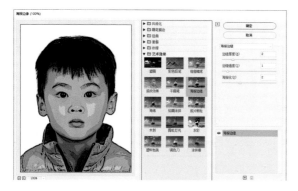

海绵：使用颜色对比强烈、纹理较重的色块来创建图像，以模拟海绵绘画的效果，见后图。

绘画涂抹：可以选择各种大小（范围为1~50）和类型的画笔来创建绘画效果。在"画笔类型"下拉列表中包括简单、未处理光照、未处理深色、宽锐化、宽模糊和火花，见下图。

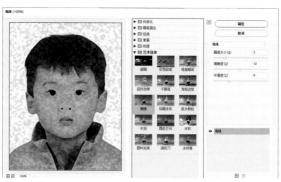

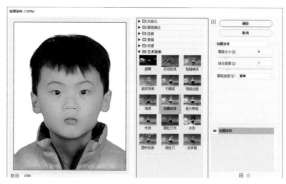

胶片颗粒：将平滑图案应用于阴影和中间调，将一种更平滑、饱和度更高的图案添加到亮区。在消除混合的条纹和将各种来源的图案在视觉上进行统一时，此滤镜非常有效，见下图。

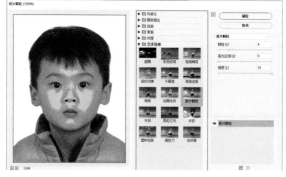

木刻：使图像看上去像由彩纸上剪下的边缘粗糙的剪纸片组成。高对比度的图像看起来呈剪影状，彩色图像看上去像由几层彩纸组成，见后图。

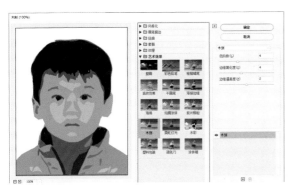

霓虹灯光：将各种类型的灯光添加到图像中的对象上，用于在柔化图像外观时给图像着色。要选择一种发光颜色，可单击发光框，并从拾色器中选择一种颜色，见下图。

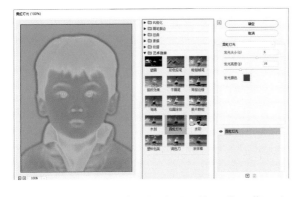

水彩：以水彩的风格绘制图像，使用蘸了水和颜料的中号画笔绘制以简化细节。当边缘有显著的色调变化时，此滤镜会使颜色更饱满，见下图。

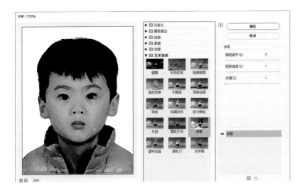

塑料包装：给图像涂上一层光亮的塑料，以强调表面细节，见后图。

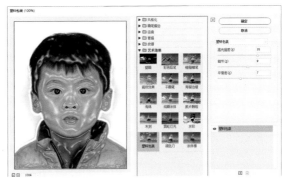

调色刀：减少图像中的细节，产生描绘得很淡的画布效果，以显示出下面纹理，见下图。

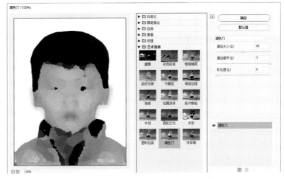

涂抹棒：使用短的对角描边涂抹暗区以柔化图像，见下图。

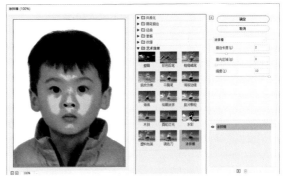

8.2.9 像素化滤镜组

像素化滤镜组中的滤镜通过使单元格中颜色值相近的像素结成块来清晰地定义一个选区。

彩色半调：模拟在图像的每个通道上使用放大半调网屏的效果。对每个通道，滤镜将图像划分为大量矩形，并用圆形替换每个矩形，圆形大小与矩形的亮度成比例，见下图。

平均，并使其相互偏移，见下图。

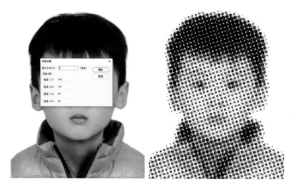

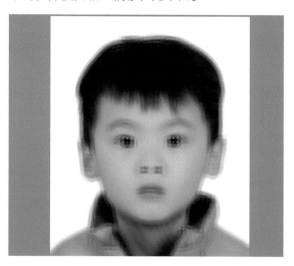

晶格化：使像素结块形成多边形纯色，见下图。

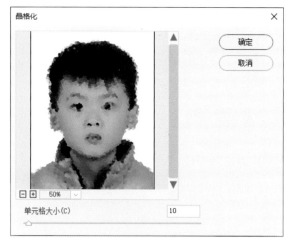

铜版雕刻：将图像转换为黑白区域的随机图案或彩色区域完全饱和颜色的随机图案，见下图。

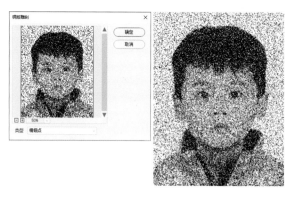

彩块化：使纯色或相近颜色的像素结成相近颜色的像素块。此滤镜可以使扫描的图像看起来像手绘图像，或使现实主义图像变为抽象派绘画风格图像，见下图。

马赛克：使像素结为方形块。给定块中的像素颜色相同，块颜色代表选区的颜色，见下图。

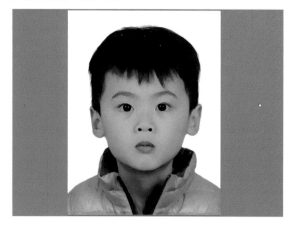

碎片：创建选区中像素的 4 个副本，将它们

点状化：将图像中的颜色分解为随机分布的网点，如同点状化绘画一样，并使用背景色作为

网点之间的画布区域，见下图。

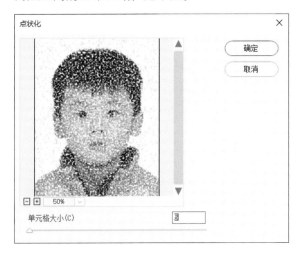

8.2.10 渲染滤镜组

渲染滤镜组用于在图像中创建 3D 形状、云彩图案、折射图案和模拟光反射。也可在 3D 空间中操纵对象，创建 3D 对象（立方体、球面和圆柱），并从灰度文件创建纹理填充以产生类似 3D 光照的效果。

火焰：在图像中的路径上添加火焰图案效果，见下图。

树：在图像中的路径上添加树图案效果，见下图。

图案：在图像中添加图案效果，见下图。

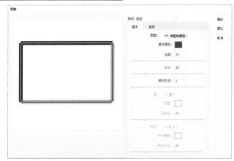

云彩：使用介于前景色与背景色之间的随机颜色生成柔和的云彩图案。要生成色彩较为分明的云彩图案，可按住 Alt 键，然后执行"滤镜 > 渲染 > 云彩"命令。当应用云彩滤镜时，当前图层上的图像数据会被替换，见下图。

度"滑块可以控制每根纤维的外观，较低的值会产生松散的织物；而较高的值会产生短的绳状纤维。单击"随机化"按钮更改图案的外观，可多次单击该按钮，直到出现喜欢的图案为止。当应用纤维滤镜时，当前图层上的图像数据会被替换，见下图。

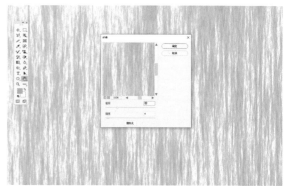

分层云彩：使用随机生成的介于前景色与背景色之间的颜色生成云彩图案，见下图。此滤镜将云彩数据和现有像素混合，其方式与差值模式混合颜色的方式相同。第一次选择此滤镜时，图像的某部分被反相为云彩图案。应用此滤镜几次后，会创建出与大理石纹理相似的凸缘与叶脉图案。当应用分层云彩滤镜时，当前图层上的图像数据会被替换。

光照效果：可以通过改变 17 种光照样式、3 种光照类型和 4 套光照属性，在 RGB 图像上产生无数种光照效果。还可以使用灰度文件的纹理（称为凹凸图）产生类似 3D 的效果，并保存自己的样式以便在其他图像中使用，见下图。

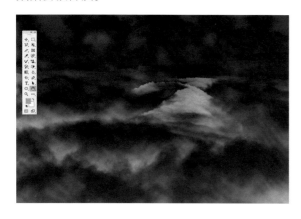

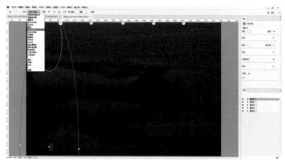

8.2.11 杂色滤镜组

杂色滤镜组用于添加或删除杂色或带有随机分布色阶的像素，有助于将选区混合到周围的像素中。杂色滤镜可创建与众不同的纹理或移去有问题的区域，如灰尘和划痕。

纤维：使用前景色和背景色创建编织纤维的外观。使用"差异"滑块可以控制颜色的变化方式，较低的值会产生较长的纤维，而较高的值会产生非常短且颜色分布变化更大的纤维。使用"强

添加杂色：将随机像素应用于图像，模拟在高速胶片上拍照的效果。也可用于减少羽化选区或渐进填充中的条纹，或使经过重大修饰的区域

看起来更真实。"分布"区中包括"平均分布"和"高斯分布"单选按钮。"平均分布"使用随机数值（介于0及正/负指定值之间）分布杂色的颜色值以获得细微效果。"高斯分布"沿一条钟形曲线分布杂色的颜色值以获得斑点状的效果。勾选"单色"复选框则此滤镜只应用于图像中的色调元素，而不改变颜色，见下图。

去斑：检测图像的边缘（即发生显著颜色变化的区域）并模糊除那些边缘外的所有选区。该模糊操作会删除杂色，同时保留细节。

蒙尘与划痕：通过更改相异的像素减少杂色。为了在锐化图像和隐藏瑕疵之间取得平衡，可拖曳"半径"与"阈值"滑块得到各种组合。也可将此滤镜应用于图像中的指定区域，见下图。

中间值：通过混合选区像素的亮度来减少图像的杂色。此滤镜搜索像素选区的半径范围以查找亮度相近的像素，扔掉与相邻像素差异太大的

像素，并用搜索到的中间亮度的像素替换中心像素。此滤镜在消除或减少图像的动感效果时非常有效，见下图。

减少杂色：在基于影响整个图像或各通道的设置保留边缘的同时减少杂色，见下图。

8.2.12 其他滤镜组

在其他滤镜组中，允许用户自定义滤镜、使用滤镜修改蒙版、在图像中使选区发生位移和快速调整颜色。

自定：自定义滤镜效果。使用自定滤镜，根据预定义的数学运算（称为卷积），可以更改图像中每个像素的亮度值，即根据周围的像素值为每个像素重新指定一个值，见后图。

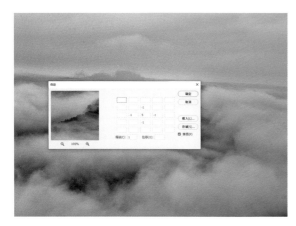

高反差保留：在有强烈颜色转变发生的地方按指定的半径保留边缘细节，并且不显示图像的其余部分（0.1 像素半径仅保留边缘像素）。此滤镜移去图像中的低频细节，与高斯模糊滤镜的效果恰好相反，见下图。

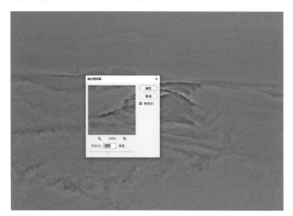

在使用"阈值"命令或将图像转换为位图颜色模式前，将高反差保留滤镜应用于连续色调的图像将很有帮助。此滤镜对从扫描图像中取出的艺术线条和大的黑白区域非常有效。

最小值和最大值：对修改蒙版非常有效。最大值滤镜有应用阻塞的效果，即展开白色区域和阻塞黑色区域。最小值滤镜有应用伸展的效果，即展开黑色区域和收缩白色区域。与中间值滤镜一样，最大值和最小值滤镜都只针对选区中的单个像素。在指定半径内，最大值和最小值滤镜用周围像素的最高或最低亮度值替换当前像素的亮度值，见后图。

位移：将选区移动指定的水平量或垂直量，而选区的原位置变成空白区域。可以用当前背景色、图像的另一部分填充这块区域；若选区靠近图像边缘，也可以使用所选择的填充内容进行填充，见下图。

8.2.13 液化与消失点滤镜

液化滤镜用于将图像的任意区域进行推、拉、折叠、旋转、膨胀等操作，以此来产生扭曲的效果，见下图。

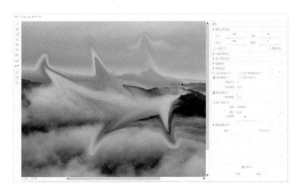

使用消失点滤镜可以在编辑包含透视平面
（如建筑物的侧面或任何矩形对象）的图像时保
留正确的透视，见下图。